漫话大科学基础设施

江　洪　著

科　学　出　版　社
北　京

内 容 简 介

大科学基础设施是为探索未知世界、发现自然规律、实现技术变革提供极限研究手段的大型复杂科学研究系统，是突破科学前沿、解决经济社会发展和国家安全重大科技问题的物质技术基础。随着知识经济的到来、国际竞争的日益加剧，大科学基础设施建设已逐渐成为提升国家科技水平、影响国计民生的战略因素。本书通过漫画的形式，以深入浅出、通俗易懂的方式，介绍现代大科学研究的特征和我国已经建成的大科学基础设施中的五个：子午工程、大亚湾反应堆中微子实验、郭守敬望远镜LAMOST、北京正负电子对撞机、“科学”号海洋综合考察船。

本书面向社会大众，特别是非从事科研工作的人员和广大青少年读者。

图书在版编目（CIP）数据

漫话大科学基础设施/江洪著. 一北京：科学出版社，2021.9

ISBN 978-7-03-069830-8

Ⅰ.①漫… Ⅱ.①江… Ⅲ.①大科学-科学研究工作-基础设施-普及读物 Ⅳ.①G325.09-49

中国版本图书馆CIP数据核字（2021）第190321号

责任编辑：邵　娜／责任校对：高　嵘

责任印制：彭　超／封面设计：苏　波

装帧设计：苏　波／形象设计：易盼盼

正文绘制：易盼盼／插图绘制：张　飞

科学出版社 出版

北京东黄城根北街16号

邮政编码：100717

http://www.sciencep.com

武汉市首壹印务有限公司印刷

科学出版社发行　各地新华书店经销

*

开本：B5（720×1000）

2021年9月第 一 版　印张：9

2021年9月第一次印刷　字数：110 000

定价：35.00元

（如有印装质量问题，我社负责调换）

前言

各位读者朋友，你们好！

我们的“漫话科技”系列图书已经出版了两部：《漫话科技最前沿》《漫话科技与生活》。爱学习、爱思考的小武同学和来自中国科学院的学识渊博的科学家韩爷爷也成为了我们的朋友。听了他们讲的故事，大家认识和了解了一些世界科技最前沿的重大发现和重要突破，认识和了解了一些给人类生活和人类发展带来重大变革的科技进步和发明创造。他们讲的故事也激起了不少朋友对科学研究的浓厚兴趣，有的朋友很想知道科学研究是怎么做的，也有的朋友希望知道现在的科学家们有什么神奇利器来探索未知世界。接下来我们的“漫话科技”系列就给大家讲讲现代科学研究的重要工具——大科学基础设施，本书中泛指大科学装置和重大科技基础设施。

回到 17 世纪，当伽利略开创了以实验事实为根据并具有严密逻辑体系的近代物理学，科学研究第一次为新的方法打开了大门。他在比萨斜塔做自由落体实验，推翻了当时被奉为权威的亚里士多德关于物体下落的速度和重量成正比的学说。他用自制的高倍望远镜，发现了月球表面并不是平坦的，而是凹凸不平、岗峦起伏，发现了木星有四颗卫星，发现了太阳也有黑子以及银河是由无数恒星组成，从而改变了人类对物质运动和宇宙的看法。爱因斯坦曾这样评价：“伽利略的发现，以及他所用的科学推理方法，是人类思想史上最伟大的成就之一，而且标志着物理学的真正的开端。”这种以增长人类知识为主要目的、以个人的兴趣和自由研究为主要特征的科学研究，数百年来一直是人类科学研究的重要方式。

到了 20 世纪，科学研究进入了新模式——大科学模式。1962 年美国耶鲁大学 D.普赖斯首次提出大科学的概念。普赖斯说：“由于当今的科学大大超过了以往的水平，我们显然已经进入了一个新时代……现代科学的大规模性，面貌一新且强而有力，使人们以‘大科学’一词来美誉之。”大科学指的是科研难度大，需要复杂的实验仪器设备和众多科技人员参加，需要投入大量科研经费的大规模科技研究活动。大科学具有高度的探索性、高度的创新性、高度的综合性、高度的组织性以及高度的风险性等特征，而美国在第二次世界大战中成功实施的曼哈顿计划成为大科学到来的重要标志和大科学的第一个成功案例。

今天，大科学已经成为科学技术主要的生产方式，也成为提升国家科技水平、影响国计民生的战略因素。为了支持大科学研究开展，在激烈的国际竞争中获得优势，世界各国都在积极建设大科学所必须的大科学基础设施。这样的大科学基础设施与一般的基础设施和一般的科学仪器及装备有很大的不同，它们是为探索未知世界、发现自然规律、实现技术变革提供极限研究手段的大型复杂科学研究系统，是突破科学前沿、解决经济社会发展和国家安全重大科技问题的物质技术基础。它们具有重大而长远的科学和战略意义，但是建设耗资大、时间长；它们技术复杂而且没有现成的建设方案，往往在突破重大科学问题的同时还要攻克许多关键技术难关；它们可以实现宏伟的科学目标，却很难带来直接的经济效益；它们需要更加开放与充分合作，以聚集全世界全人类的智慧。目前我国投入运行和在建的国家大科学基础设施有 40 多个。在大力推动科技创新，建设科技强国的征途中，这些大科学基础设施已经成为了“国之重器”。

那么，亲爱的朋友，你是不是对大科学基础设施已经有了浓厚的兴趣，是不是迫不及待地想认识一些神奇的大科学基础设施，是不是想知道科学家们是如何建设奇妙的大科学装置来探索神秘的未知世界的呢？别着急！还是来听听我们的朋友小武跟科学家韩爷爷是怎么聊的吧！他们会带着你从 6 个方面了解中国的大科学基础设施。这 6 个方面分别是：①从个人兴趣到大科学时代；②子午工程；③大亚湾反应堆中微子实验；④郭守敬望远镜 LAMOST；⑤北京正负电子对撞机；⑥“科学”号海洋综合考察船。

好了，请你做好准备，跟随小武和韩爷爷开启一段快乐的探索中国大科学基础设施的旅程吧！

中国科学院武汉文献情报中心　江洪

2021 年 4 月 23 日

目录

第一章　从个人兴趣到大科学时代 / 1

1　古代科学研究 / 3

2　科学实验与实验科学的兴起 / 4

3　伽利略与近代实验科学 / 5

4　有组织的科学活动 / 6

5　大科学时代到来 / 7

6　曼哈顿计划 / 8

7　美国的国家实验室建设 / 9

8　美国国家同步辐射光源 / 10

9　近红外可扩展波荡器系统开发 / 11

10　德国的科研基础设施 / 12

11　英国的科研基础设施 / 13

12　中国的大科学基础设施 / 14

13　中国的大科学基础设施建设历程 / 15

14　中国的大科学基础设施类别和功效 / 16

15　中国的国家重大科技基础设施建设计划 / 17

第二章　子午工程 / 19

1　什么是子午工程 / 21
2　巧妙构建“空间观测网” / 22
3　子午工程名字的由来 / 23
4　子午工程突出贡献者之一——魏奉思院士 / 24
5　太空是空的吗？ / 25
6　太阳是一个能量源泉 / 26
7　神秘的日地空间系统 / 27
8　其他行星对地球空间会产生影响吗？ / 28
9　保护人类生存的地球“盔甲” / 29
10　太阳活动对地球电离层的影响 / 30
11　太阳活动对地球磁场的影响 / 31
12　太阳黑子对地球生物的影响 / 32
13　太空中也有垃圾 / 33
14　日地空间变化对航天器的威胁 / 34
15　不一样的空间天气 / 35
16　从天文观测到日地空间探测 / 36
17　空间天气预报 / 37
18　子午工程与空间天气预报 / 38
19　子午工程探测的物理量有哪些？ / 39

第三章　大亚湾反应堆中微子实验 / 41

1 “灾难制造者”——中微子 / 43
2. 中微子“眼中”的地球 / 44
3 70 年中微子研究发展历程 / 45
4 宇宙的诞生 / 46
5 中微子未解之谜 / 47
6 “看见”中微子 / 48
7 中微子振荡 / 49
8 寻找新的中微子 / 50
9 中国中微子实验水平 / 51
10 大亚湾反应堆中微子实验的优势 / 52
11 大亚湾中微子探测器的结构 / 53
12 中微子实验的基本要素 / 54
13 中微子实验的法则 / 55
14 大亚湾反应堆中微子实验成败的关键 / 56
15 大亚湾反应堆中微子实验的成就 / 57
16 大亚湾反应堆中微子实验中的中国制造 / 58
17 大亚湾反应堆中微子实验的突破性成就 / 59

第四章　郭守敬望远镜 LAMOST / 61

1　古代人对宇宙的想象 / 63
2　中国古代三大宇宙模型 / 64
3　视觉的原理 / 65
4　望远镜小史 / 66
5　天文望远镜历史风云人物 / 67
6　施密特的折返式望远镜 / 68
7　大型望远镜的发展 / 69
8　王绶琯和苏定强的突破 / 70
9　LAMOST 概貌 / 71
10　主动光学技术 / 72
11　光谱巡天 / 73
12　LAMOST 的技术攻关 / 74
13　克服困难，跨越阻力 / 75
14　寻找观测天区 / 76
15　夜间工作 / 77
16　图像分析 / 78
17　望远镜维护 / 79

第五章　北京正负电子对撞机 / 81

1　微观世界究竟有多小 / 83

2　发现微小粒子的方法 / 84

3　正负电子对撞机产生 / 85

4　中国高能加速器的坎坷起步 / 86

5　北京正负电子对撞机的建成 / 87

6　北京谱仪实验崭露头角 / 88

7　北京正负电子对撞机的结构——巨大的羽毛球拍 / 89

8　对撞机的安全性问题 / 90

9　火眼金睛辨粒子的北京谱仪 / 91

10　北京谱仪的探测目标 / 92

11　高速度大容量的计算中心 / 93

12　验证轻子普适性大显身手 / 94

13　“北京革命”——*R* 值测量 / 95

14　同步辐射的发现 / 96

15　高压力下的奇妙世界 / 97

16　蜈蚣草的奥秘 / 98

17　神奇而不神秘的超导技术 / 99

18　发现恶性肿瘤的“神探” / 100

19　助力食品安全的利器 / 101

20　用“透视眼”还原历史真相 / 102

21　让“隐形杀手”无处遁形 / 103

第六章　“科学”号海洋综合考察船 / 105

1　海和洋 / 107
2　海洋是生命的摇篮 / 108
3　黑潮暖流 / 109
4　海洋资源 / 110
5　郑和下西洋 / 111
6　探秘深海 / 112
7　“科学”号科考船 / 113
8　船舶的吨位 / 114
9　船舶的分类 / 115
10　系泊设备 / 116
11　动力定位 / 117
12　电力推进 / 118
13　球鼻艏和短宽形船体 / 119
14　热带气旋和台风 / 120
15　一人驾驶桥楼 / 121
16　“科学”号的自持力 / 122
17　海水淡化 / 123
18　海底地形探测 / 124
19　海上生活 / 125
20　“科学”号上的垃圾处理 / 126
21　热液生态系统 / 127
22　可燃冰 / 128
23　冷泉 / 129
24　海山生物假说 / 130

第一章
从个人兴趣到大科学时代

中国航天

1 古代科学研究

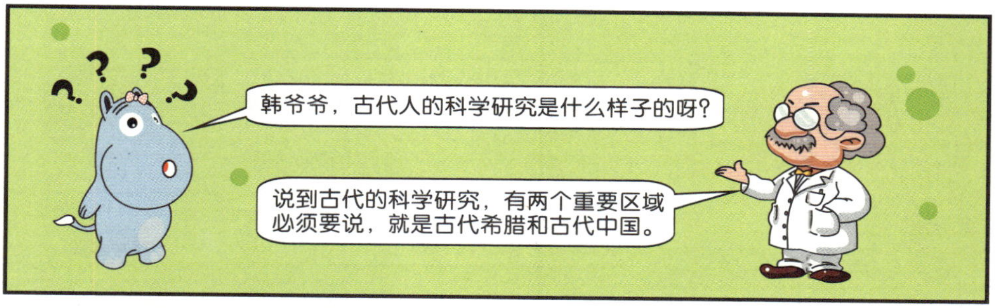
韩爷爷，古代人的科学研究是什么样子的呀?
说到古代的科学研究，有两个重要区域必须要说，就是古代希腊和古代中国。

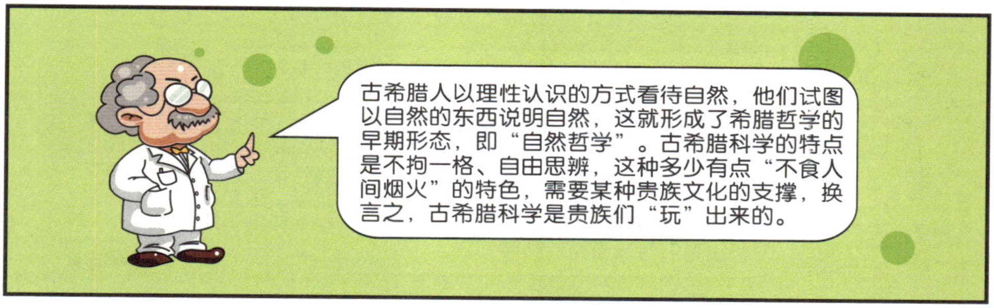
古希腊人以理性认识的方式看待自然，他们试图以自然的东西说明自然，这就形成了希腊哲学的早期形态，即“自然哲学”。古希腊科学的特点是不拘一格、自由思辨，这种多少有点“不食人间烟火”的特色，需要某种贵族文化的支撑，换言之，古希腊科学是贵族们“玩”出来的。

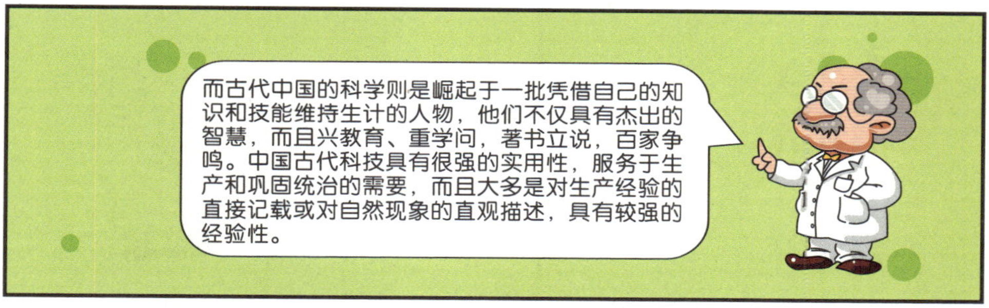
而古代中国的科学则是崛起于一批凭借自己的知识和技能维持生计的人物，他们不仅具有杰出的智慧，而且兴教育、重学问，著书立说，百家争鸣。中国古代科技具有很强的实用性，服务于生产和巩固统治的需要，而且大多是对生产经验的直接记载或对自然现象的直观描述，具有较强的经验性。

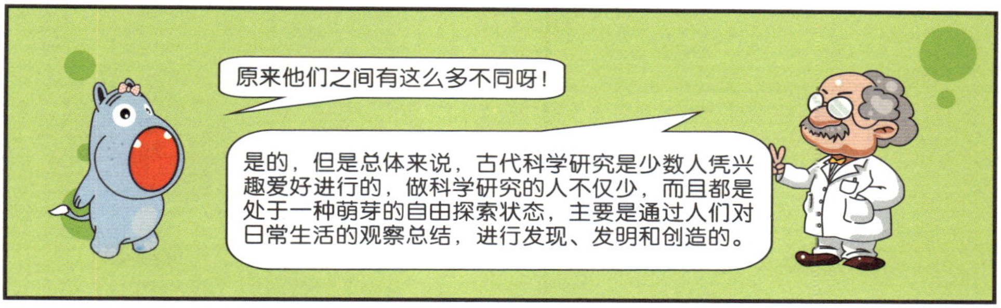
原来他们之间有这么多不同呀!
是的，但是总体来说，古代科学研究是少数人凭兴趣爱好进行的，做科学研究的人不仅少，而且都是处于一种萌芽的自由探索状态，主要是通过人们对日常生活的观察总结，进行发现、发明和创造的。

2 科学实验与实验科学的兴起

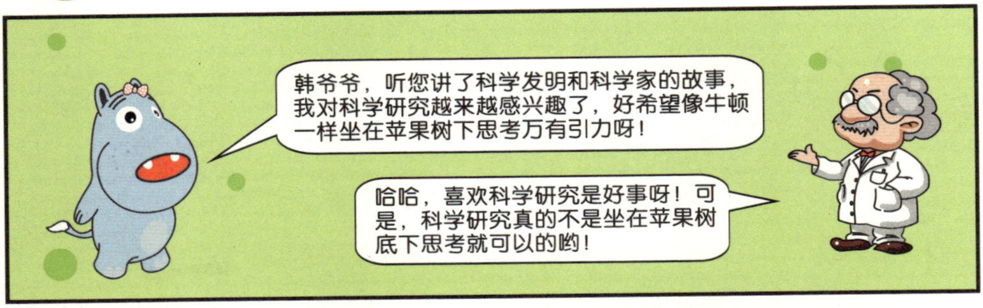

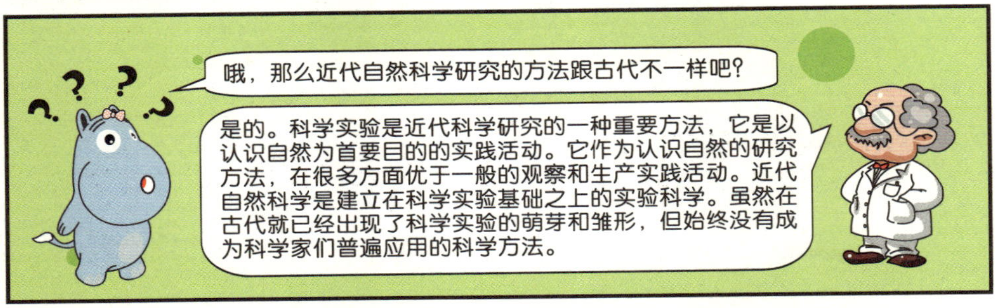

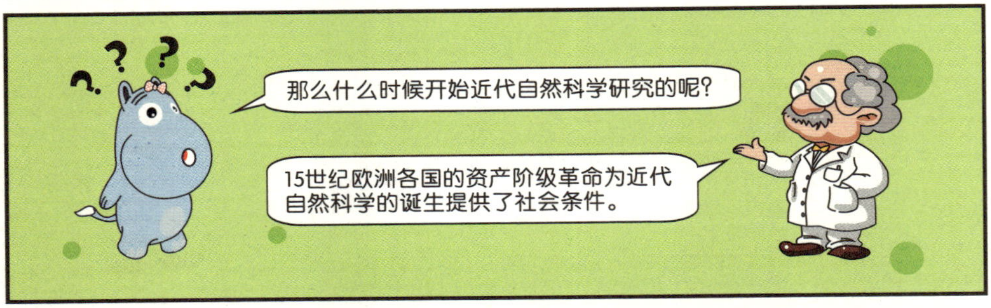

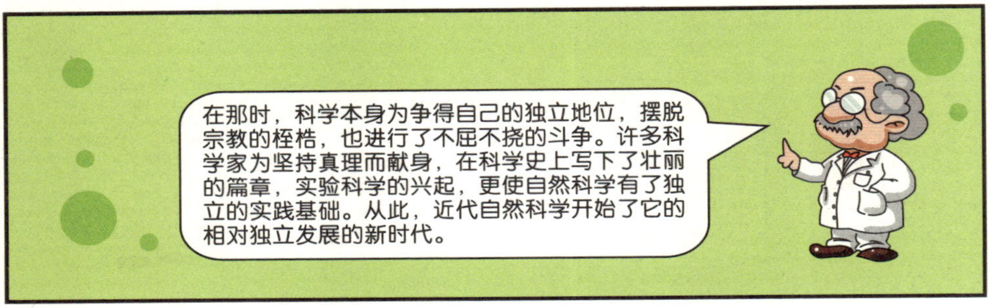

3 伽利略与近代实验科学

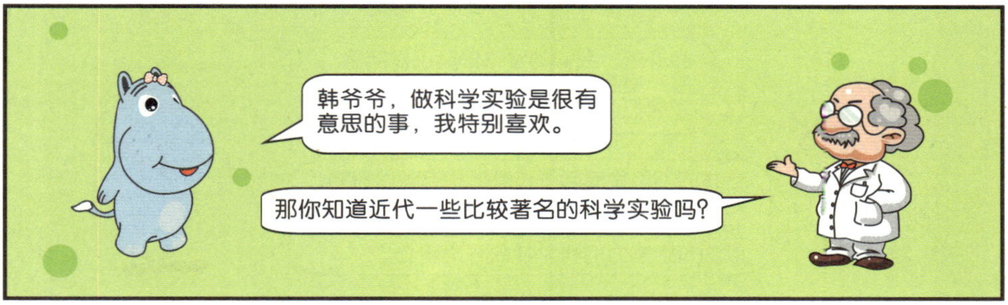

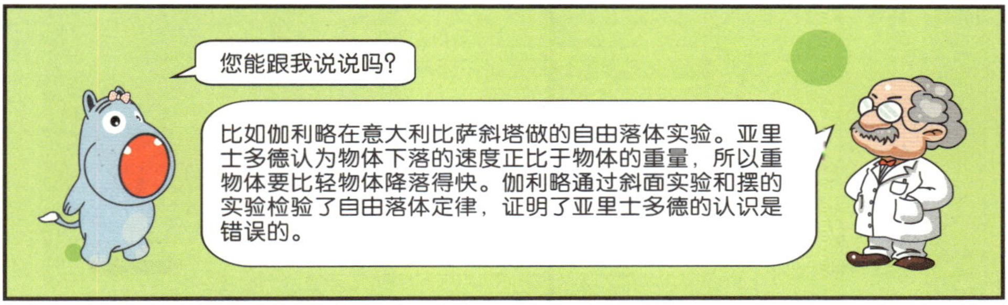

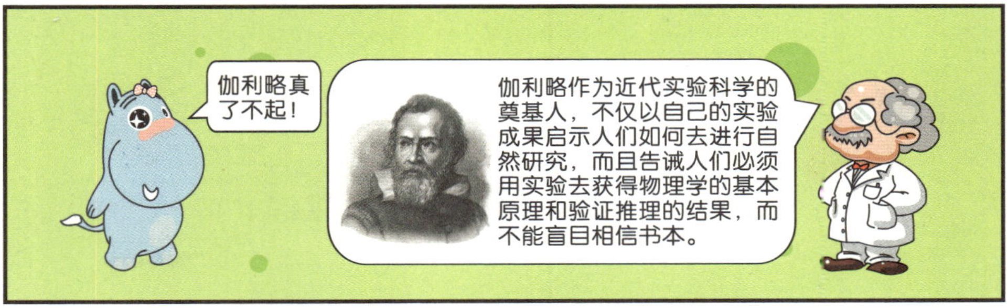

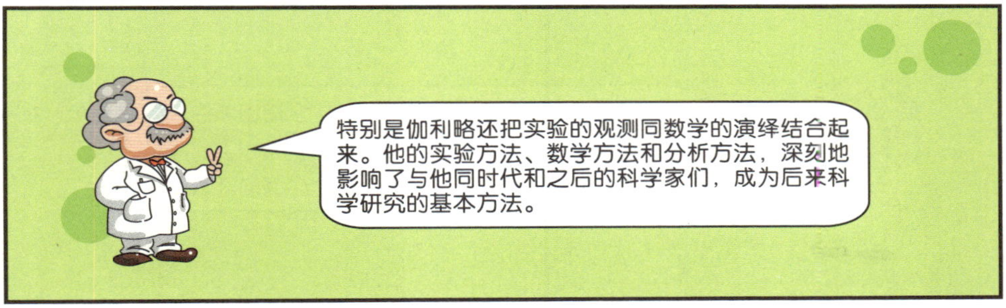

4 有组织的科学活动

韩爷爷，我们的学校里有自然实验室，里面有各种仪器、实验用品，同学们可以在那里做简单的实验。
这样的实验室起源于15世纪，受到伽利略、培根、笛卡儿等人所倡导的科学精神影响，为了促进实验科学的发展，一批由科学家组成的有影响力的科学社团开始建立。
就是说科学家们开始组织起来一起做科学研究吗？
是的。科学社团的建立标志着科学活动方式发生变化，即从科学家的个人自由研究转向有组织的集体研究。它使科学研究变成了一种广泛的社会活动。科学家们在这种有组织的社会活动中，取得了更杰出的科学成果。牛顿的力学体系也正是在这样的条件下诞生的。
原来牛顿发现万有引力不光是因为苹果掉下来呀！
对的。随之也推动了科学仪器的进步。显微镜、望远镜、温度计、气压计、抽气机、摆钟和一些船用仪表，都是在实验活动中由科学家们发明出来的。
以前的工具是由工匠们在生产实践中创造出来的，而这之后科学工具就大多是从实验室里创造出来的，同时它们也在人类的其他活动中被加以应用。虽然这时的科学工具相对简陋，但毕竟有了一个新的开端。

5 大科学时代到来

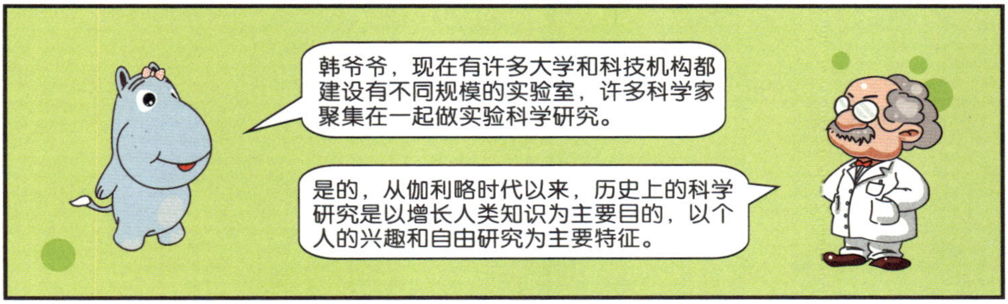
韩爷爷，现在有许多大学和科技机构都建设有不同规模的实验室，许多科学家聚集在一起做实验科学研究。
是的，从伽利略时代以来，历史上的科学研究是以增长人类知识为主要目的，以个人的兴趣和自由研究为主要特征。

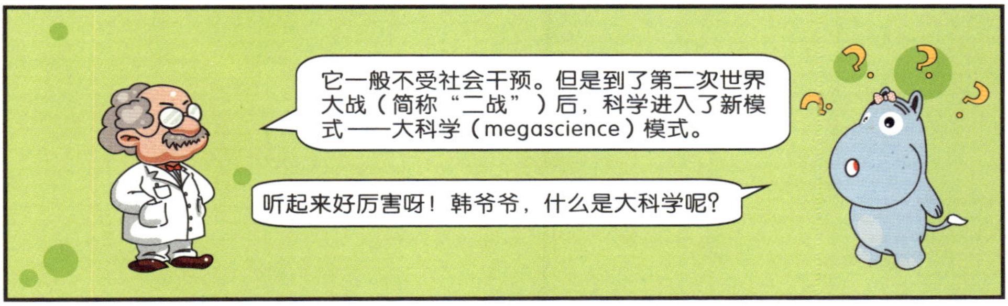
它一般不受社会干预。但是到了第二次世界大战（简称“二战”）后，科学进入了新模式——大科学（megascience）模式。
听起来好厉害呀！韩爷爷，什么是大科学呢？

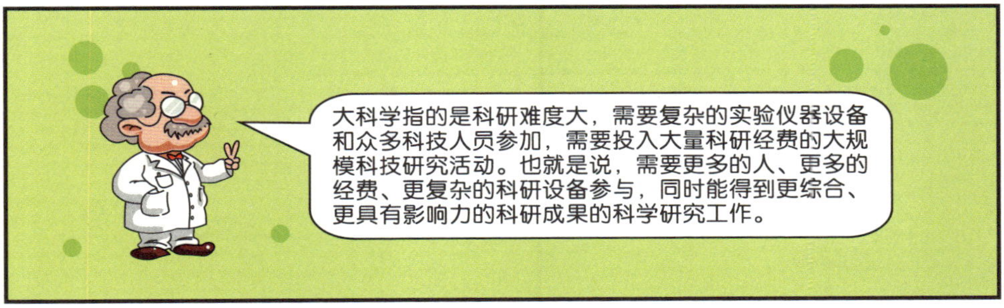
大科学指的是科研难度大，需要复杂的实验仪器设备和众多科技人员参加，需要投入大量科研经费的大规模科技研究活动。也就是说，需要更多的人、更多的经费、更复杂的科研设备参与，同时能得到更综合、更具有影响力的科研成果的科学研究工作。

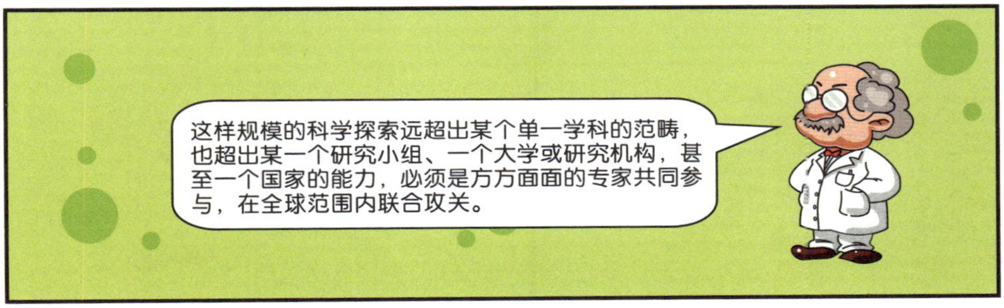
这样规模的科学探索远超出某个单一学科的范畴，也超出某一个研究小组、一个大学或研究机构，甚至一个国家的能力，必须是方方面面的专家共同参与，在全球范围内联合攻关。

6 曼哈顿计划

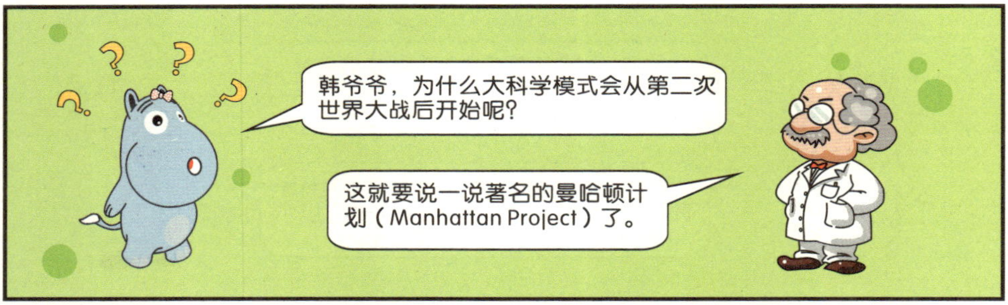
韩爷爷，为什么大科学模式会从第二次世界大战后开始呢?
这就要说一说著名的曼哈顿计划（Manhattan Project）了。

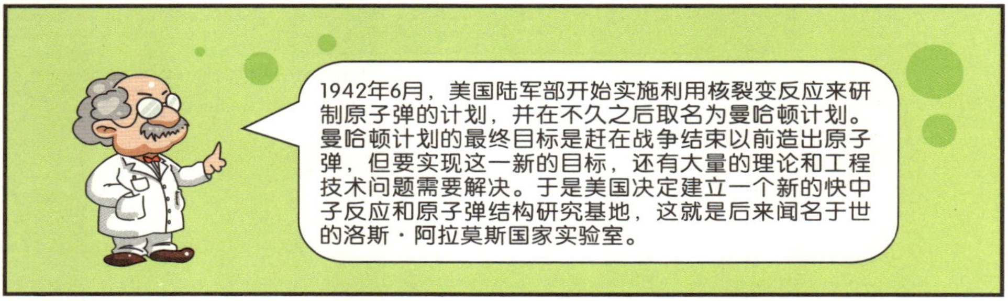
1942年6月，美国陆军部开始实施利用核裂变反应来研制原子弹的计划，并在不久之后取名为曼哈顿计划。曼哈顿计划的最终目标是赶在战争结束以前造出原子弹，但要实现这一新的目标，还有大量的理论和工程技术问题需要解决。于是美国决定建立一个新的快中子反应和原子弹结构研究基地，这就是后来闻名于世的洛斯·阿拉莫斯国家实验室。

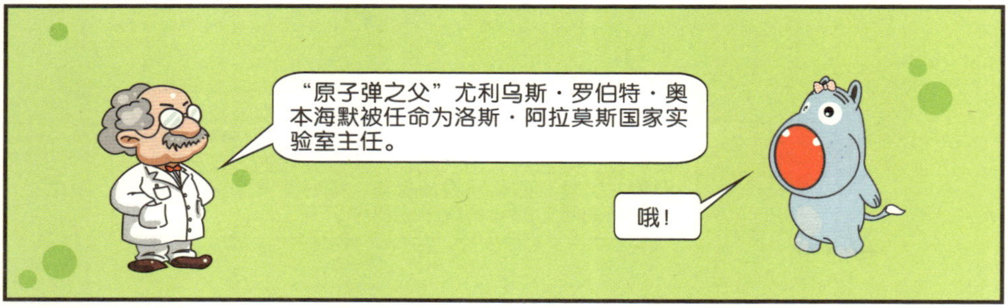
“原子弹之父”尤利乌斯·罗伯特·奥本海默被任命为洛斯·阿拉莫斯国家实验室主任。
哦！

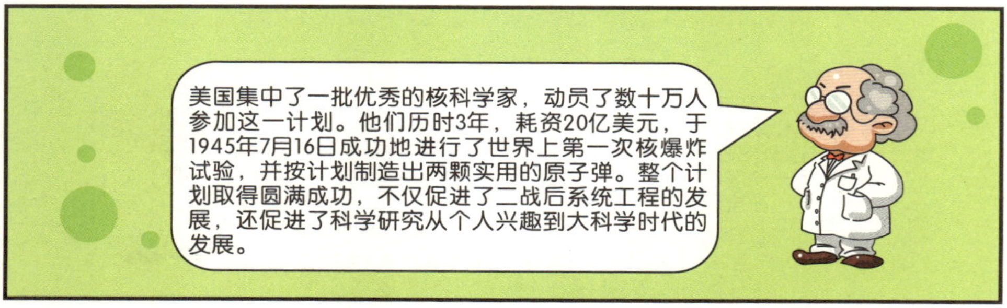
美国集中了一批优秀的核科学家，动员了数十万人参加这一计划。他们历时3年，耗资20亿美元，于1945年7月16日成功地进行了世界上第一次核爆炸试验，并按计划制造出两颗实用的原子弹。整个计划取得圆满成功，不仅促进了二战后系统工程的发展，还促进了科学研究从个人兴趣到大科学时代的发展。

7 美国的国家实验室建设

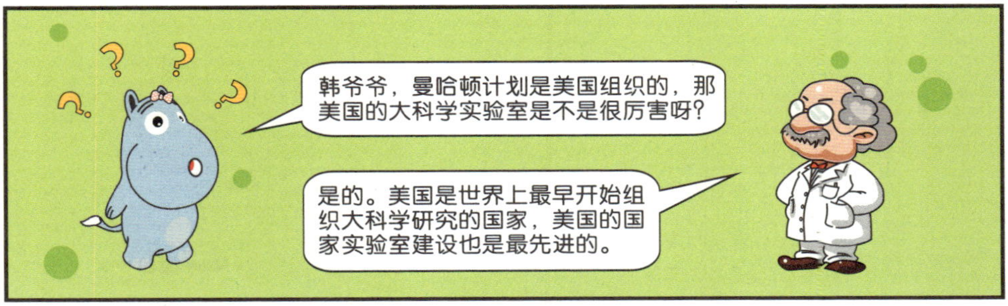

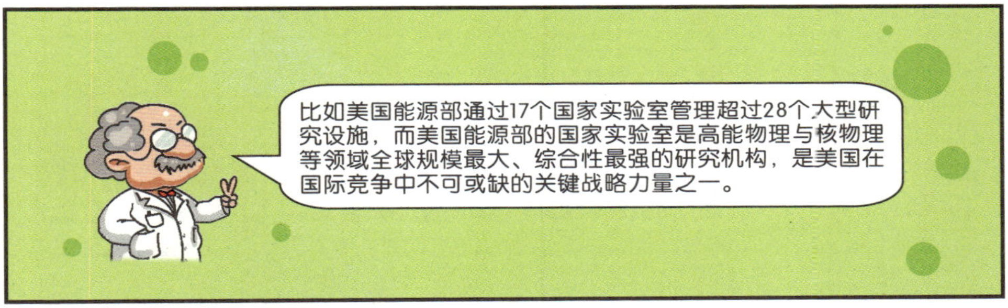

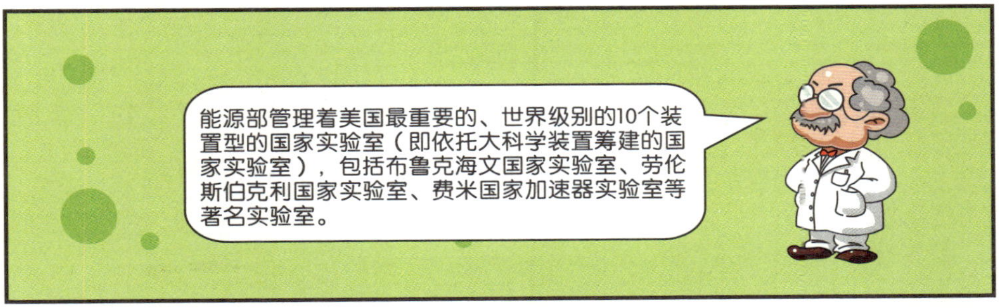

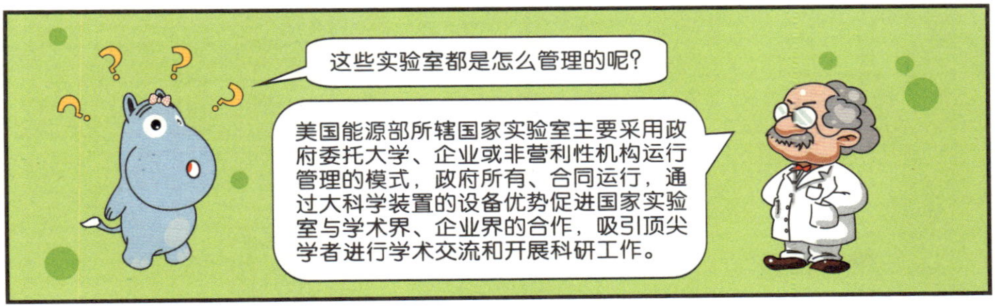

8 美国国家同步辐射光源

9 近红外可扩展波荡器系统开发

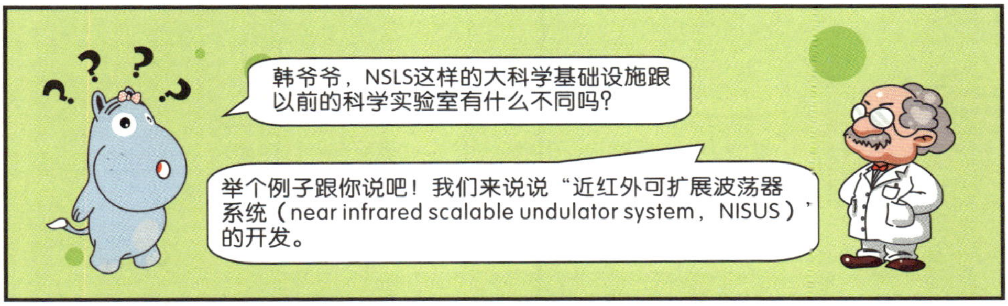

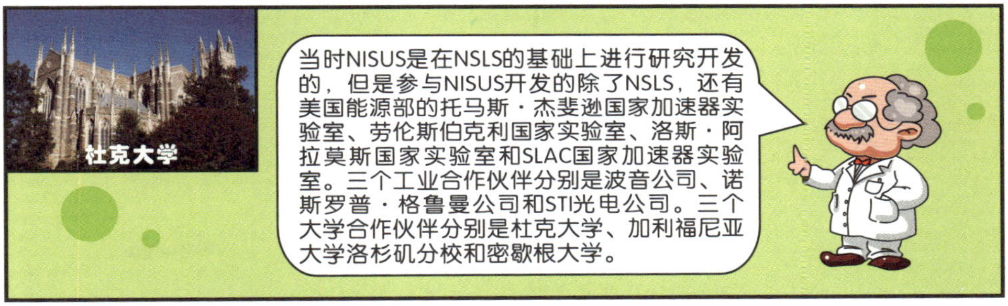

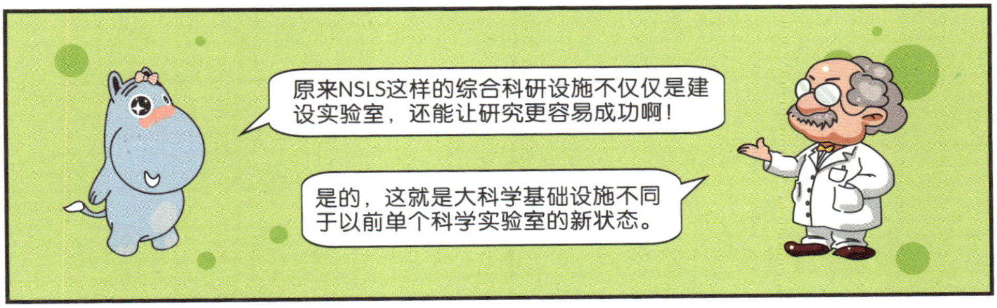

10 德国的科研基础设施

11 英国的科研基础设施

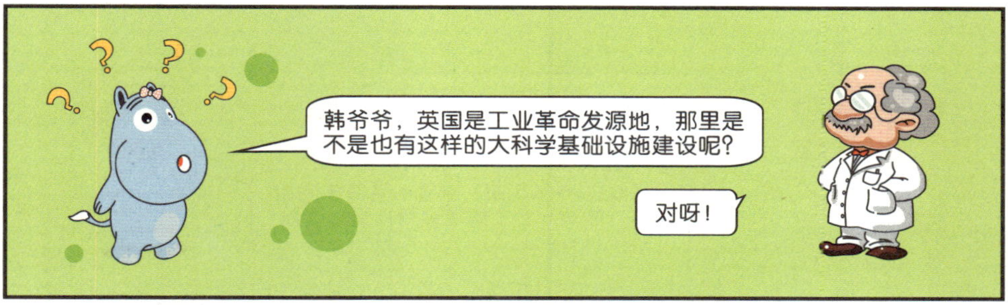

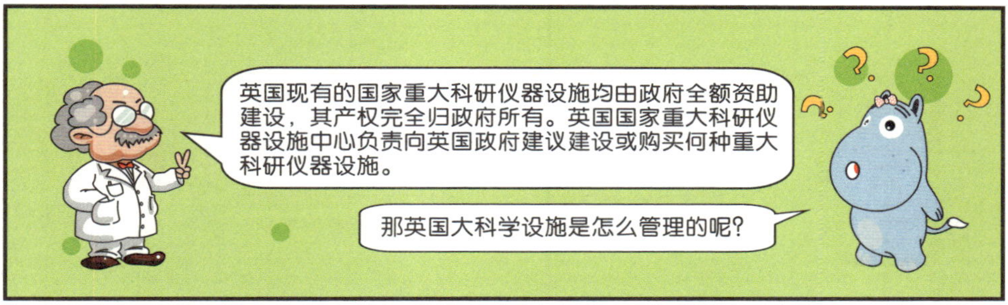

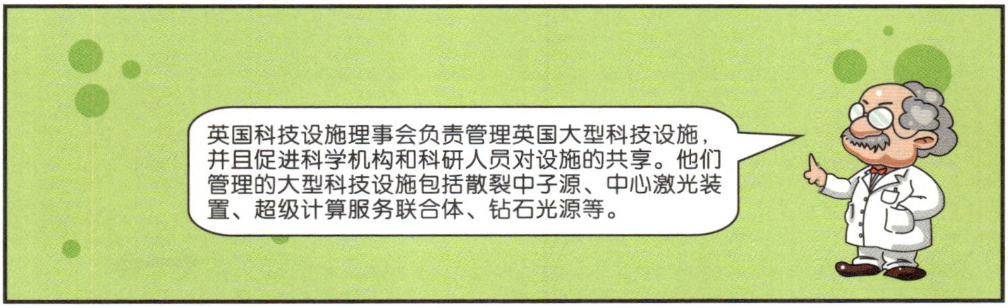

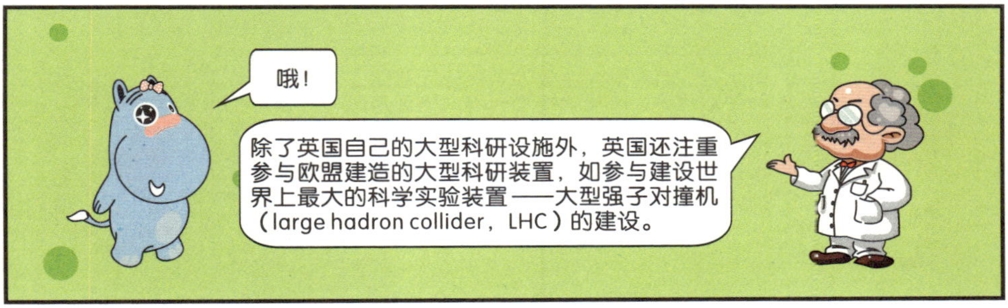

12 中国的大科学基础设施

13 中国的大科学基础设施建设历程

14 中国的大科学基础设施类别和功效

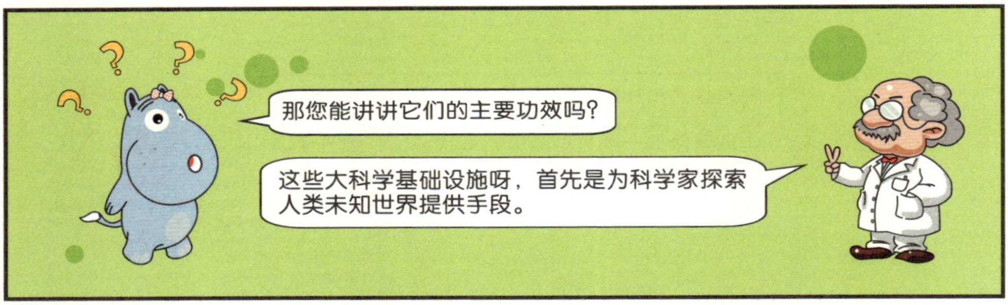

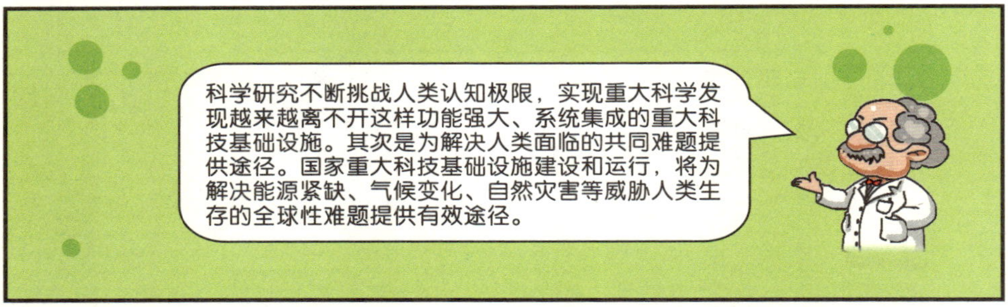

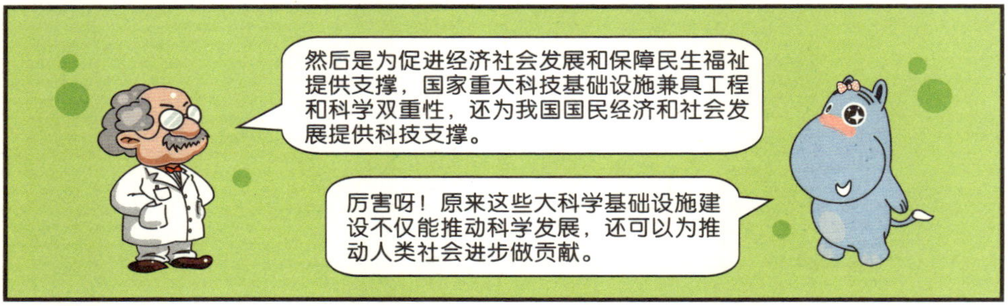

15 中国的国家重大科技基础设施建设规划

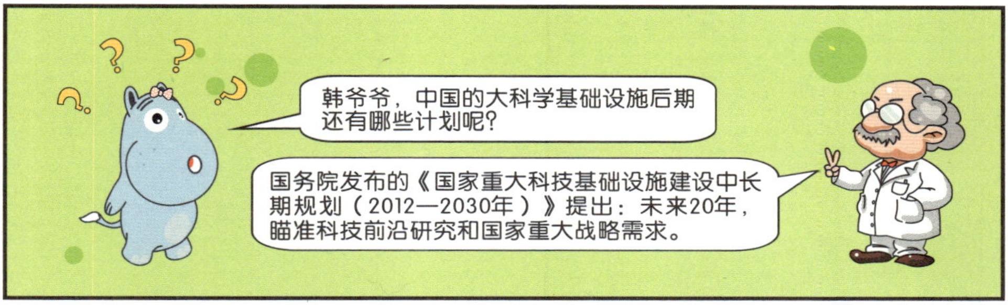

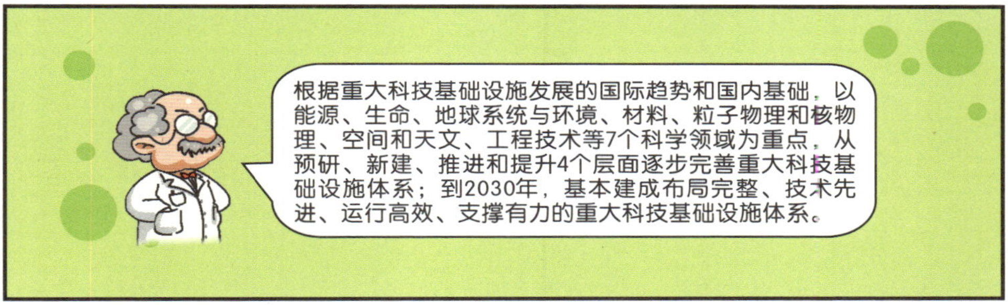

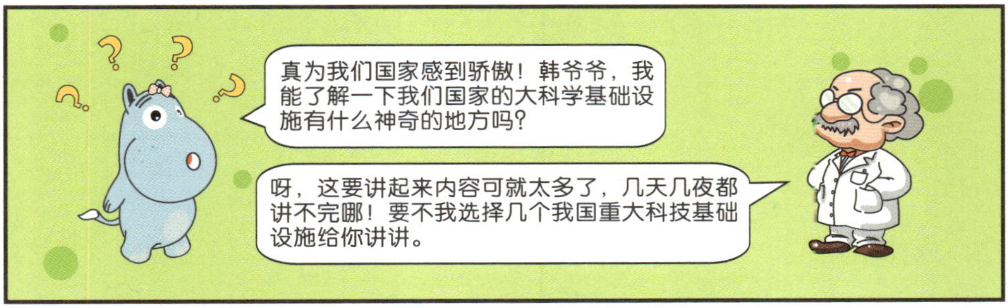

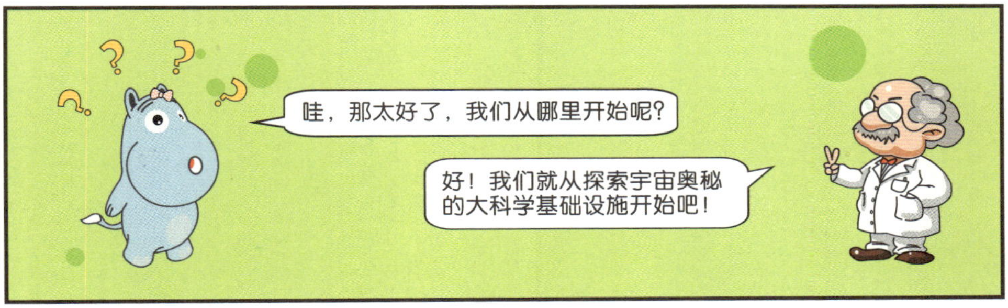

第二章

子午工程

1 什么是子午工程

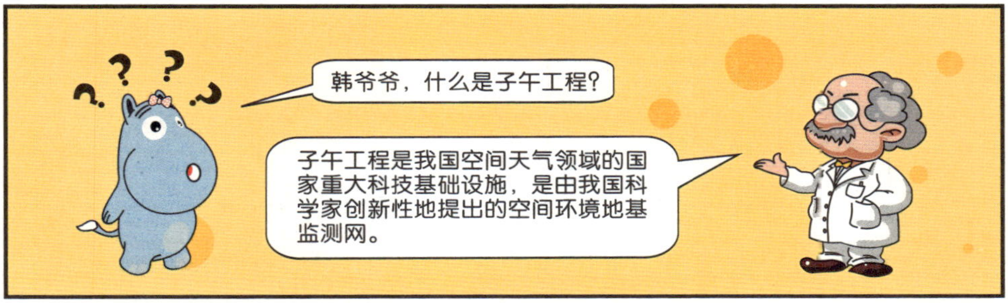
韩爷爷，什么是子午工程？
子午工程是我国空间天气领域的国家重大科技基础设施，是由我国科学家创新性地提出的空间环境地基监测网。

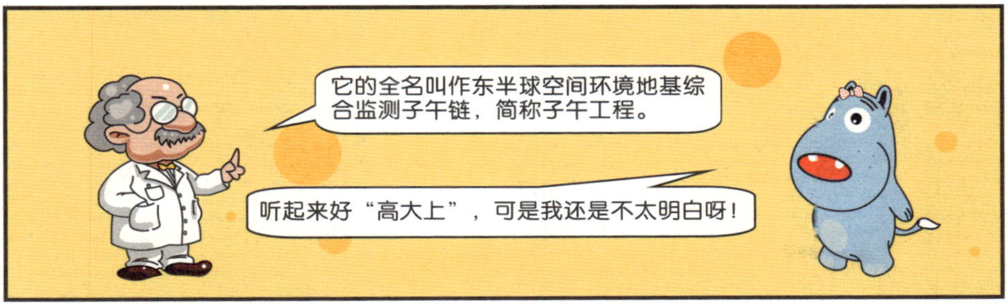
它的全名叫作东半球空间环境地基综合监测子午链，简称子午工程。
听起来好“高大上”，可是我还是不太明白呀！

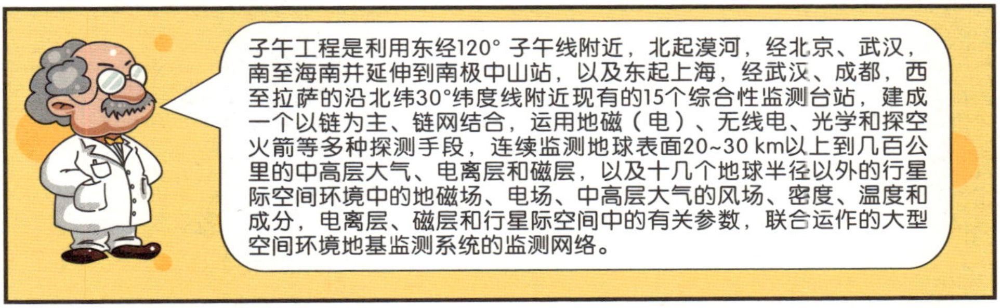
子午工程是利用东经120° 子午线附近，北起漠河，经北京、武汉，南至海南并延伸到南极中山站，以及东起上海，经武汉、成都，西至拉萨的沿北纬30°纬度线附近现有的15个综合性监测台站，建成一个以链为主、链网结合，运用地磁（电）、无线电、光学和探空火箭等多种探测手段，连续监测地球表面20~30 km以上到几百公里的中高层大气、电离层和磁层，以及十几个地球半径以外的行星际空间环境中的地磁场、电场、中高层大气的风场、密度、温度和成分，电离层、磁层和行星际空间中的有关参数，联合运作的大型空间环境地基监测系统的监测网络。

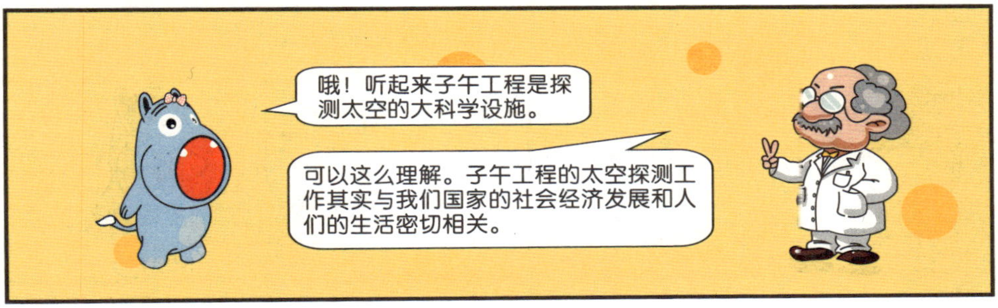
哦！听起来子午工程是探测太空的大科学设施。
可以这么理解。子午工程的太空探测工作其实与我们国家的社会经济发展和人们的生活密切相关。

2 巧妙构建“空间观测网”

韩爷爷，子午工程能帮助人们解决什么科学问题呢？
科学家们赋予子午工程的使命主要是探索日地空间挑战性问题：太阳上发生的扰动是如何经过浩瀚的行星际空间传播到地球空间，进而影响地球空间环境的。
具体而言，子午工程的科学目标有三个：第一是了解灾害性空间天气的变化规律；第二是研究我国空间环境的区域性特征及其和全球特征的关系；第三是探索综合性的空间天气预报方法。
韩爷爷，能说得简单一点吗？
简单来说，就是搭起了一座长约 3000 千米，高达几百千米的“空间观测网”，科学家可将地球表面、中高层大气、电离层、磁层，乃至十几个地球半径以外的行星际空间环境一次性“尽收眼底”。
哦！这可真厉害了！

3 子午工程名字的由来

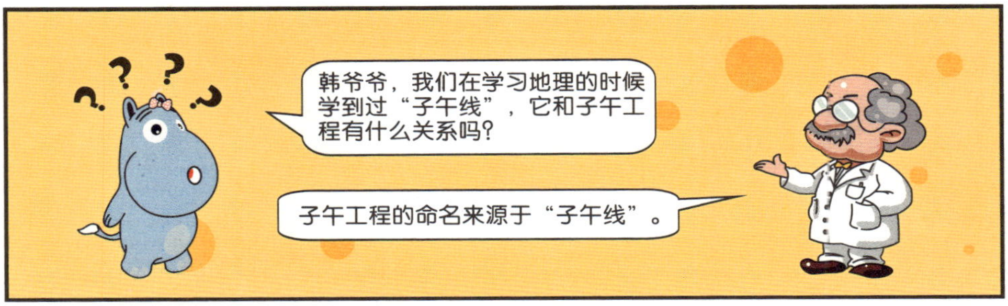
韩爷爷，我们在学习地理的时候学到过“子午线”，它和子午工程有什么关系吗？
子午工程的命名来源于“子午线”。

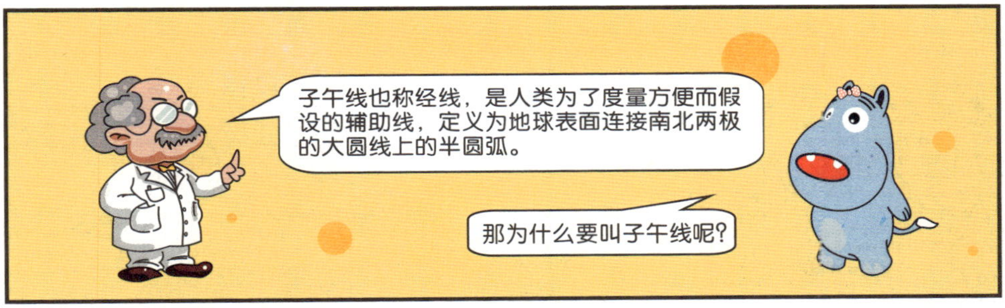
子午线也称经线，是人类为了度量方便而假设的辅助线，定义为地球表面连接南北两极的大圆线上的半圆弧。
那为什么要叫子午线呢？

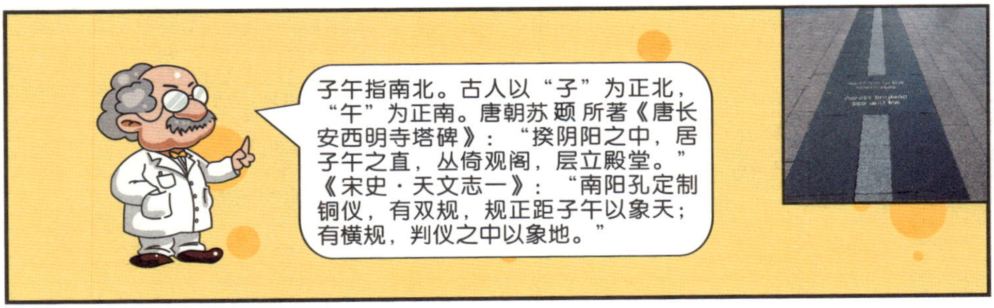
子午指南北。古人以“子”为正北，“午”为正南。唐朝苏颋所著《唐长安西明寺塔碑》：“揆阴阳之中，居子午之直，丛倚观阁，层立殿堂。”《宋史·天文志一》：“南阳孔定制铜仪，有双规，规正距子午以象天；有横规，判仪之中以象地。”

哇！原来“子午”从古时候就有了呀！

4 子午工程突出贡献者之一——魏奉思院士

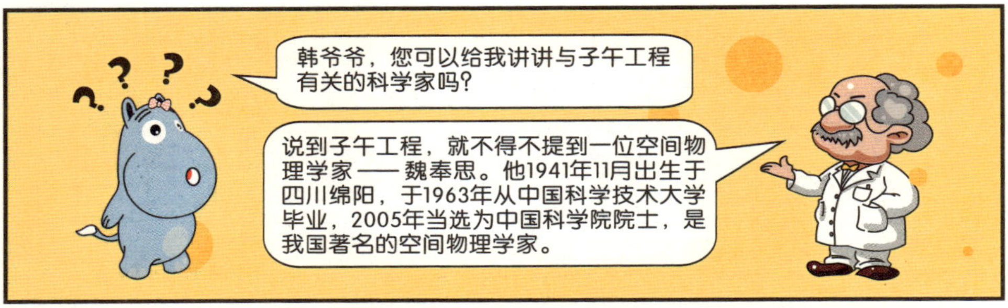

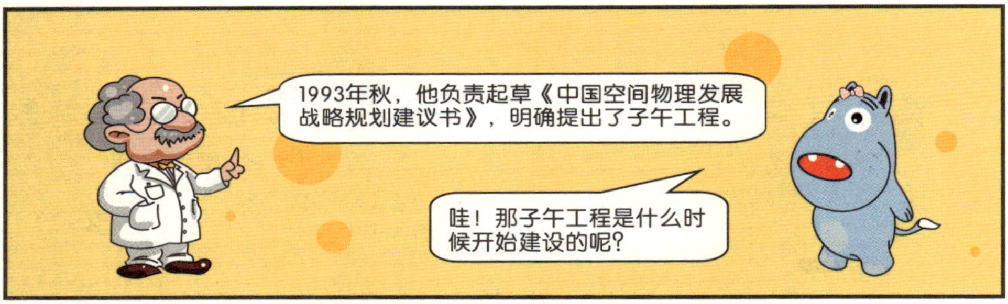

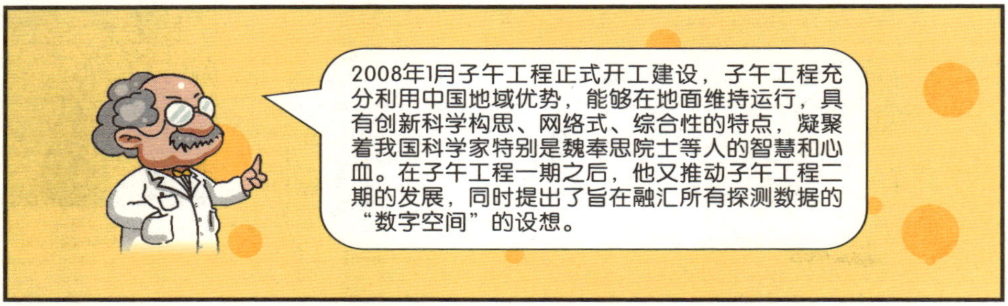

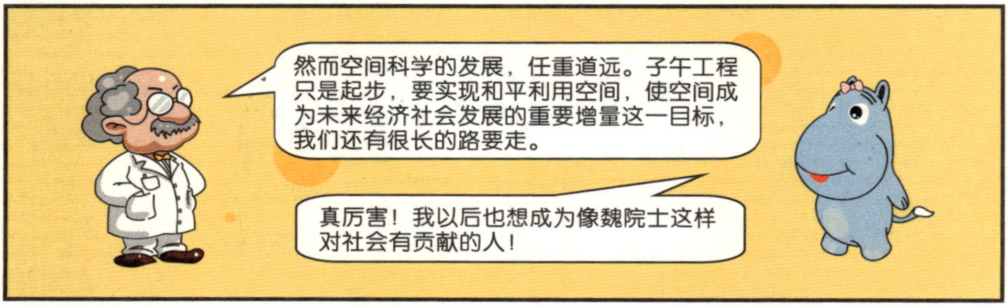

5 太空是空的吗？

韩爷爷，您说子午工程对我们的社会生活有影响，我们能感觉到吗？
这个问题要说起来有很多可以说的事情。
我先问你一个问题吧，太空是空的吗？
太空？当然是空的呀，那里什么都没有！
小武呀，太空其实不是空的，太空的任意一处充满了气体和尘埃、来自恒星的带电粒子风、来自恒星的光、宇宙射线、“大爆炸”遗留下来的热辐射、引力、电场和磁场以及核反应中的中微子。太空中也有两种我们无法直接探测到的东西——暗物质和暗能量。
根据爱因斯坦的广义相对论，即便是完美的“虚无”空间也总是会有真空能量、希格斯场和时空曲率。而像太空这样的标准真空，也有气体、尘埃、风、光、电场、磁场、宇宙射线、中微子、暗物质和暗能量。尽管这些事物遍及太空，但对于地球上习惯处于一层稠密空气中的人类来说，太空似乎是空的
原来是这样啊！

6 太阳是一个能量源泉

韩爷爷，太阳内部是什么样的结构呢？
太阳的内部分了好多层。
从太阳中心到0.25太阳半径是太阳发射巨大能量的真正源头，也称为核反应区。在这里，太阳核心处温度高达1500万摄氏度，压力相当于3000亿个标准大气压，随时都在进行着四个氢核聚变成一个氦核的热核反应。
0.25太阳半径至0.86太阳半径是太阳辐射区，它包含了各种电磁辐射和粒子流。
韩爷爷，太阳里面核反应区的能量也是跟着这些电磁辐射和粒子流跑出来的吧!
是的。辐射从内部向外部传递过程是多次被物质吸收而又再次发射的过程。从核反应区到太阳表面的行程中，能量依次以X射线、远紫外线、紫外线，最后是可见光的形式向外辐射。
呀！太阳真是一个取之不尽、用之不竭的能量源泉。

7 神秘的日地空间系统

韩爷爷，原来以为地球外面的空间是真空，但是听您讲起来，感觉地球外面的空间里面有很多东西，并不是空的呀。
是的。地球处在从太阳发出的超声速等离子体流和磁场的包围之中，来自太阳的能量、动量和质量输出的变化，制约着地球空间环境的形成、结构和变化。
地球的空间系统由大气层、电离层和磁层构成，它和太阳大气、行星际介质一起构成相互耦合的系统，我们把这个系统称为日地空间系统。而研究太阳、太阳到地球之间的行星际空间和地球空间中的自然现象及其规律的学科就称为日地空间系统科学。
这个学科听起来好厉害呀！
这个学科的研究是兴起于人类进入空间时代之后，因为人类有了人造卫星等更多的观测手段，逐渐提高了预测环境变化的能力。
而且日地空间系统需要许多学科交叉结合开展研究，其中太阳活动对地球磁层、电离层的影响，太阳活动与天气、气候的关系，以及太阳活动和生物圈的关系等都是很活跃的科研领域。日地空间系统对工农业生产、交通运输、水文气象、卫生保健、通信广播和开发空间资源以及加强国防建设都有实用价值。

8 其他行星对地球空间环境会产生影响吗？

9 保护人类生存的地球“盔甲”

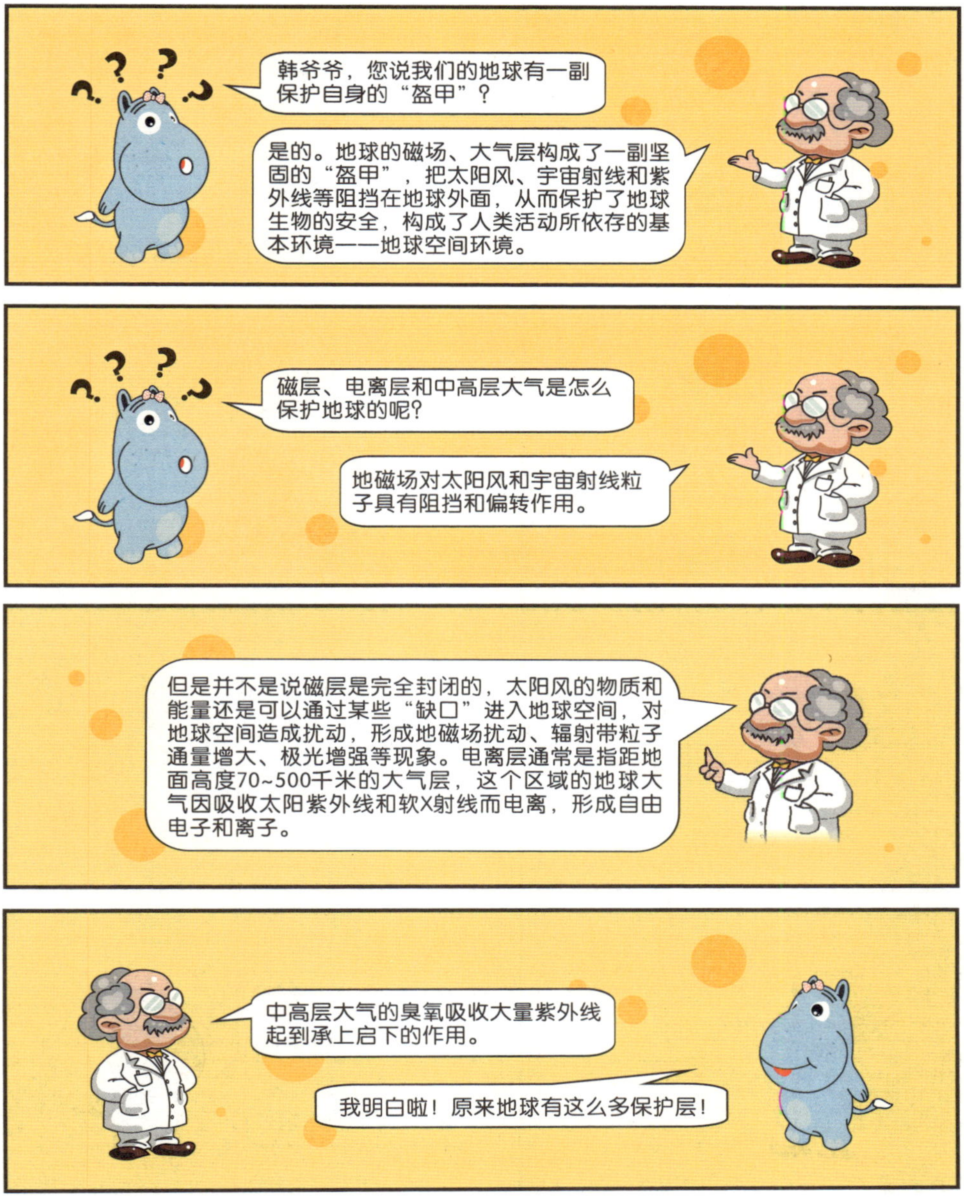

10 太阳活动对地球电离层的影响

11 太阳活动对地球磁场的影响

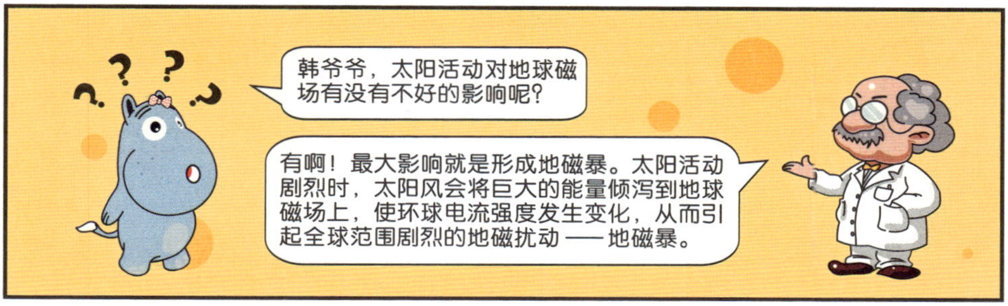

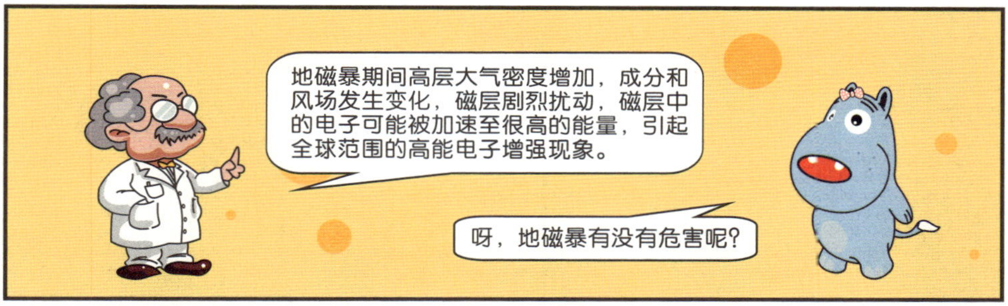

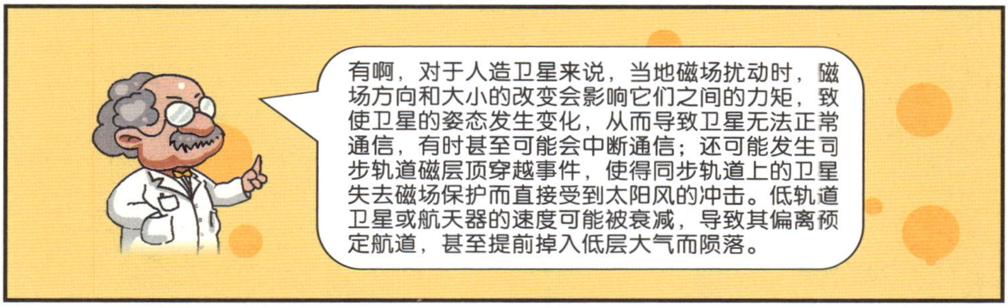

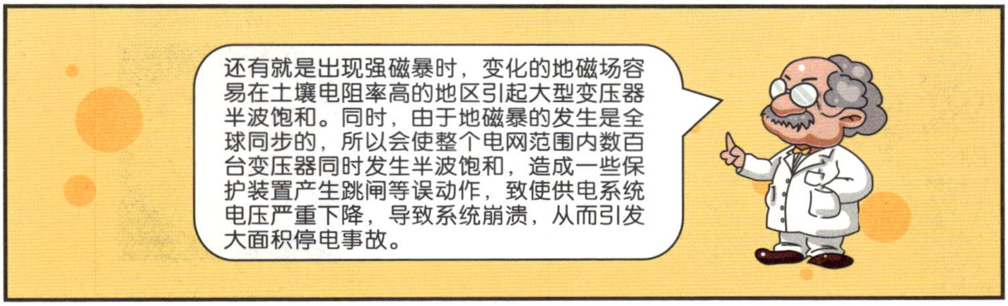

12 太阳黑子对地球生物的影响

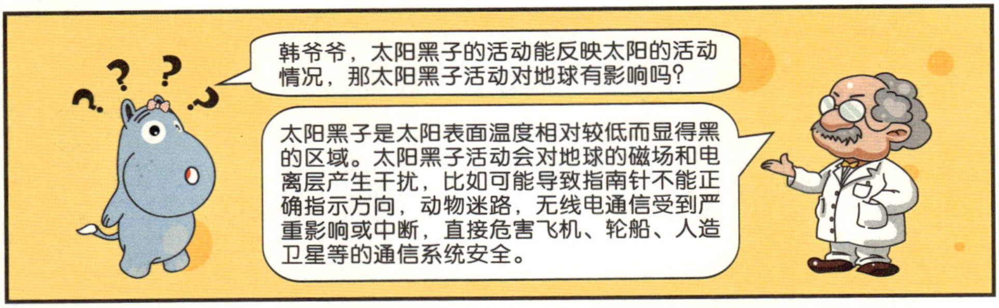

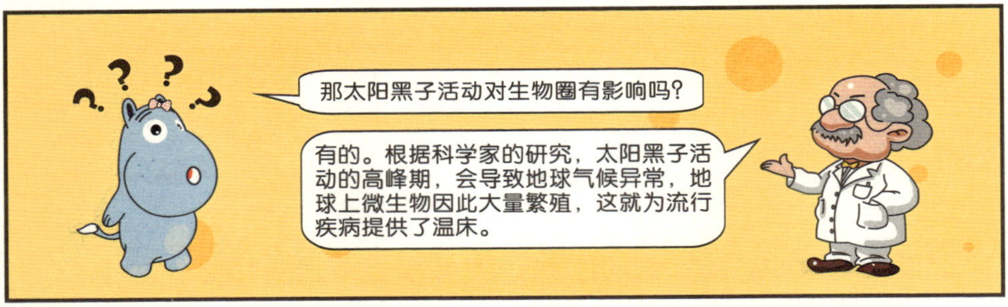

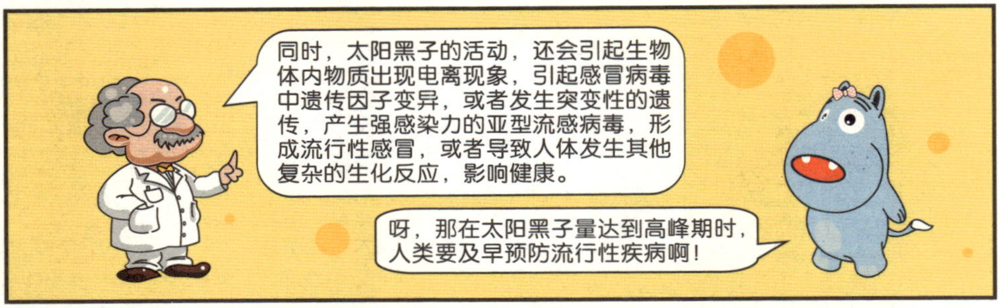

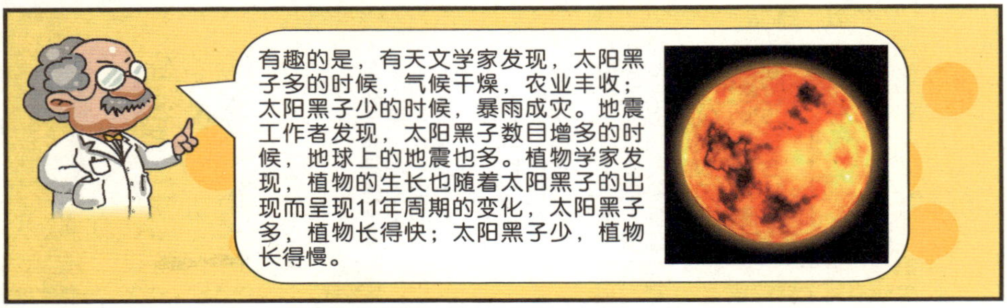

13 太空中也有垃圾

韩爷爷，今天我在学校学习了关于垃圾分类回收的知识，那太空中也有垃圾吗？
太空中也是有垃圾的。
现今太空中约有2.2万个可观测到的直径大于10厘米的固体。在这些固体中，大部分是没有任何用处的太空碎片，此外估计在地球轨道中有70万个大于1厘米的碎片，约有1.7亿个大于1毫米的碎片，这些空间碎片就是太空垃圾。
那么太空垃圾会产生什么危害呢？
由于太空垃圾和航天器之间相对速度很大，所以即使1厘米的太空碎片也会损害航天器，使它不能正常运行。大于10厘米的太空碎片与航天器碰撞会导致航天器的灾难性破裂，并释放出碎片云，可能再次引发灾难性碰撞。
太空垃圾太可怕了，我们要怎么办才好呢？
我们需要对太空碎片的分布空间进行探测，对其进行分析、预报，并控制太空垃圾的增长速度！

14 日地空间变化对航天器的威胁

15 不一样的空间天气

韩爷爷，看来日地空间系统越来越影响到我们的生活了。
是的。现在人类社会越来越依赖现代化设备，地球更深的空间环境也会深刻地影响我们的生活。通信、广播、导航、航空航天、长距离油气管线、输电网等都有可能受到日地空间系统变化的影响。
那能不能有一种专门针对空间变化情况的天气预报呢？也好让大家做好准备呀！
你说得对，现在人们已经开始专门针对空间天气进行“空间天气预报”了。
太好了，这种预报跟我们日常的天气预报不一样吧？
是的。日常所讲的天气，是指发生在对流层内、影响人类生活和生产的中性大气物理图像和物理状态，比如阴、晴、雨、雪、冷、暖、干、湿等。传统天气预报反映的是风、云、降水、温度、气压等气象要素综合显示的大气状态。
而空间天气是一个近地空间环境变化的概念。它与地球大气层内的天气截然不同，涉及空间等离子体、磁场和辐射等，指的是磁场的变化、电场的变化、辐射的变化、等离子体的变化等现象，是我们无法直接感知的。空间天气通常与近地空间磁层紧密相连，但其也研究行星际空间的变化，包括太阳风的风速和密度以及太阳等离子体等。

16 从天文观测到日地空间探测

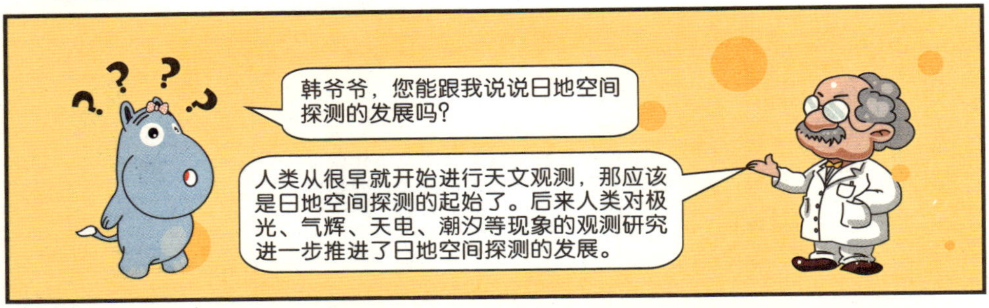

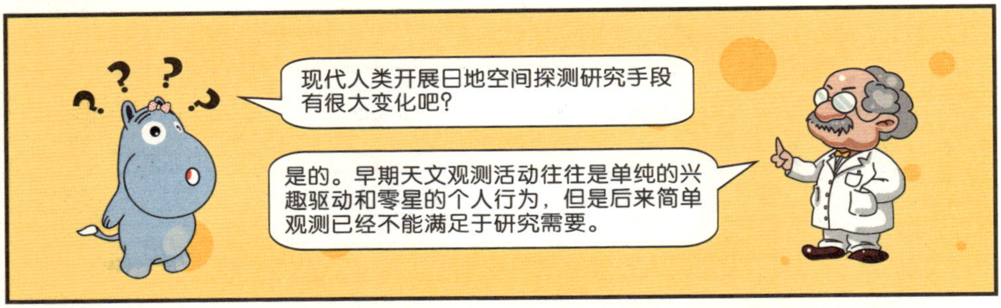

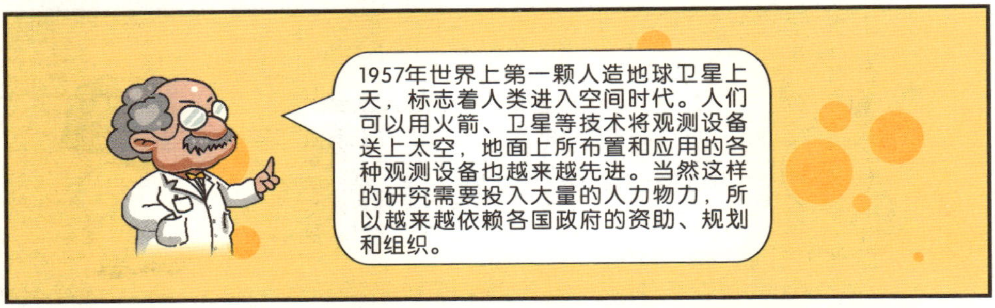

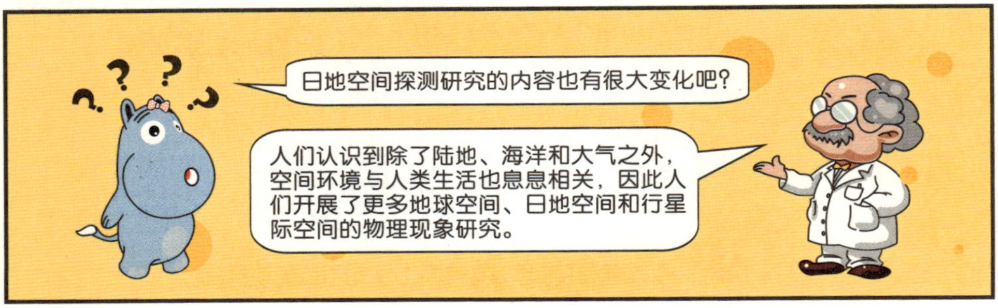

17 空间天气预报

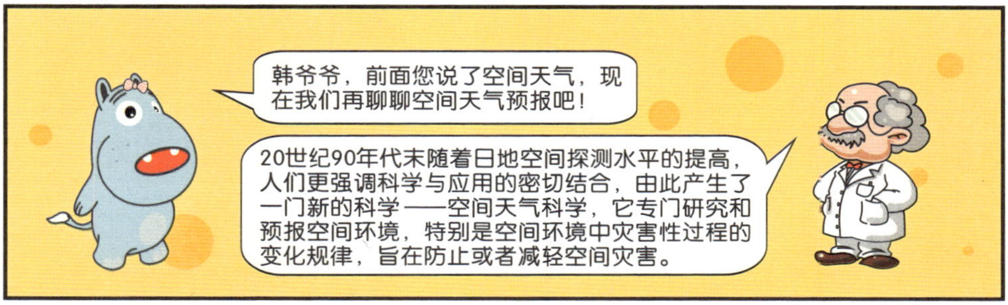
韩爷爷，前面您说了空间天气，现在我们再聊聊空间天气预报吧！
20世纪90年代末随着日地空间探测水平的提高，人们更强调科学与应用的密切结合，由此产生了一门新的科学——空间天气科学，它专门研究和预报空间环境，特别是空间环境中灾害性过程的变化规律，旨在防止或者减轻空间灾害。

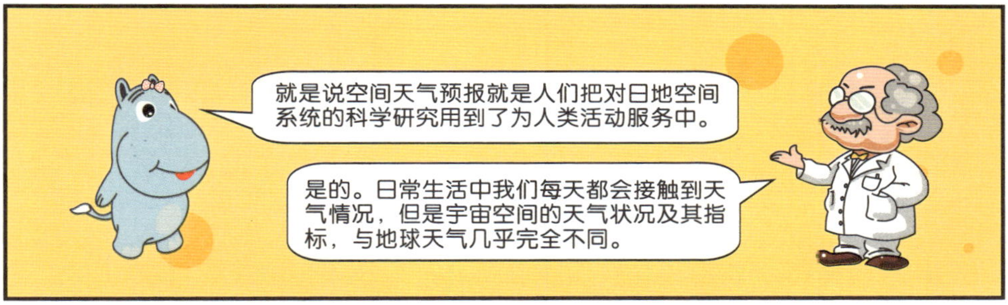
就是说空间天气预报就是人们把对日地空间系统的科学研究用到了为人类活动服务中。
是的。日常生活中我们每天都会接触到天气情况，但是宇宙空间的天气状况及其指标，与地球天气几乎完全不同。

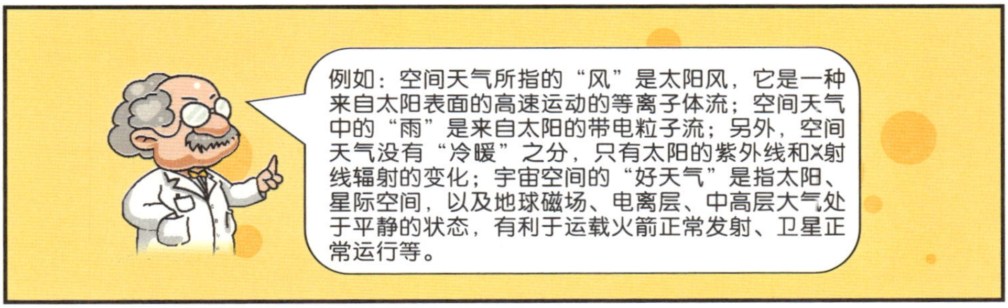
例如：空间天气所指的“风”是太阳风，它是一种来自太阳表面的高速运动的等离子体流；空间天气中的“雨”是来自太阳的带电粒子流；另外，空间天气没有“冷暖”之分，只有太阳的紫外线和X射线辐射的变化；宇宙空间的“好天气”是指太阳、星际空间，以及地球磁场、电离层、中高层大气处于平静的状态，有利于运载火箭正常发射、卫星正常运行等。

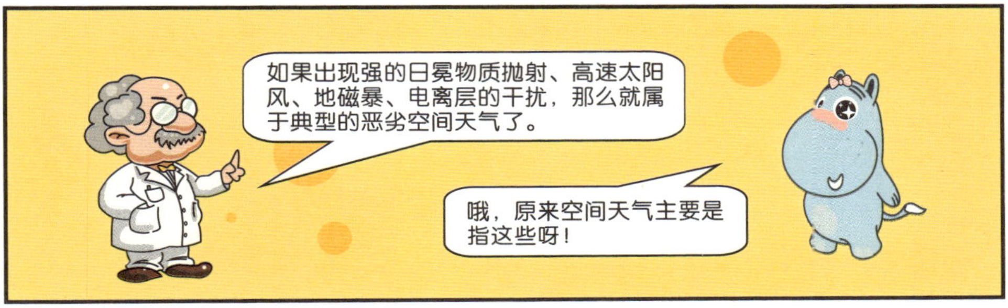
如果出现强的日冕物质抛射、高速太阳风、地磁暴、电离层的干扰，那么就属于典型的恶劣空间天气了。
哦，原来空间天气主要是指这些呀！

18 子午工程与空间天气预报

19 子午工程探测的物理量有哪些？

第三章 大亚湾反应堆中微子实验

1 “灾难制造者”——中微子

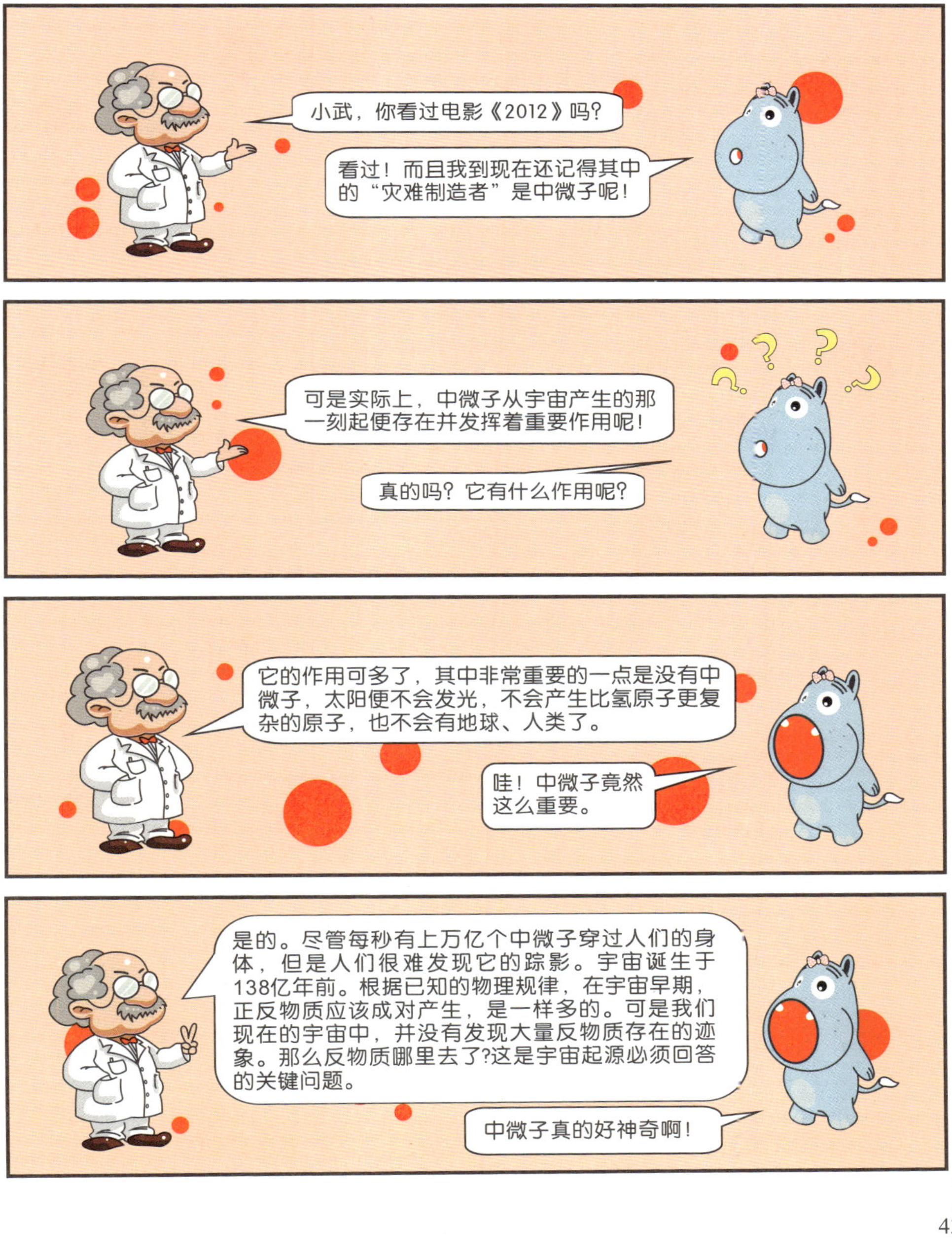
小武，你看过电影《2012》吗？
看过！而且我到现在还记得其中的“灾难制造者”是中微子呢！
可是实际上，中微子从宇宙产生的那一刻起便存在并发挥着重要作用呢！
真的吗？它有什么作用呢？
它的作用可多了，其中非常重要的一点是没有中微子，太阳便不会发光，不会产生比氢原子更复杂的原子，也不会有地球、人类了。
哇！中微子竟然这么重要。
是的。尽管每秒有上万亿个中微子穿过人们的身体，但是人们很难发现它的踪影。宇宙诞生于138亿年前。根据已知的物理规律，在宇宙早期，正反物质应该成对产生，是一样多的。可是我们现在的宇宙中，并没有发现大量反物质存在的迹象。那么反物质哪里去了?这是宇宙起源必须回答的关键问题。
中微子真的好神奇啊！

2 中微子“眼中”的地球

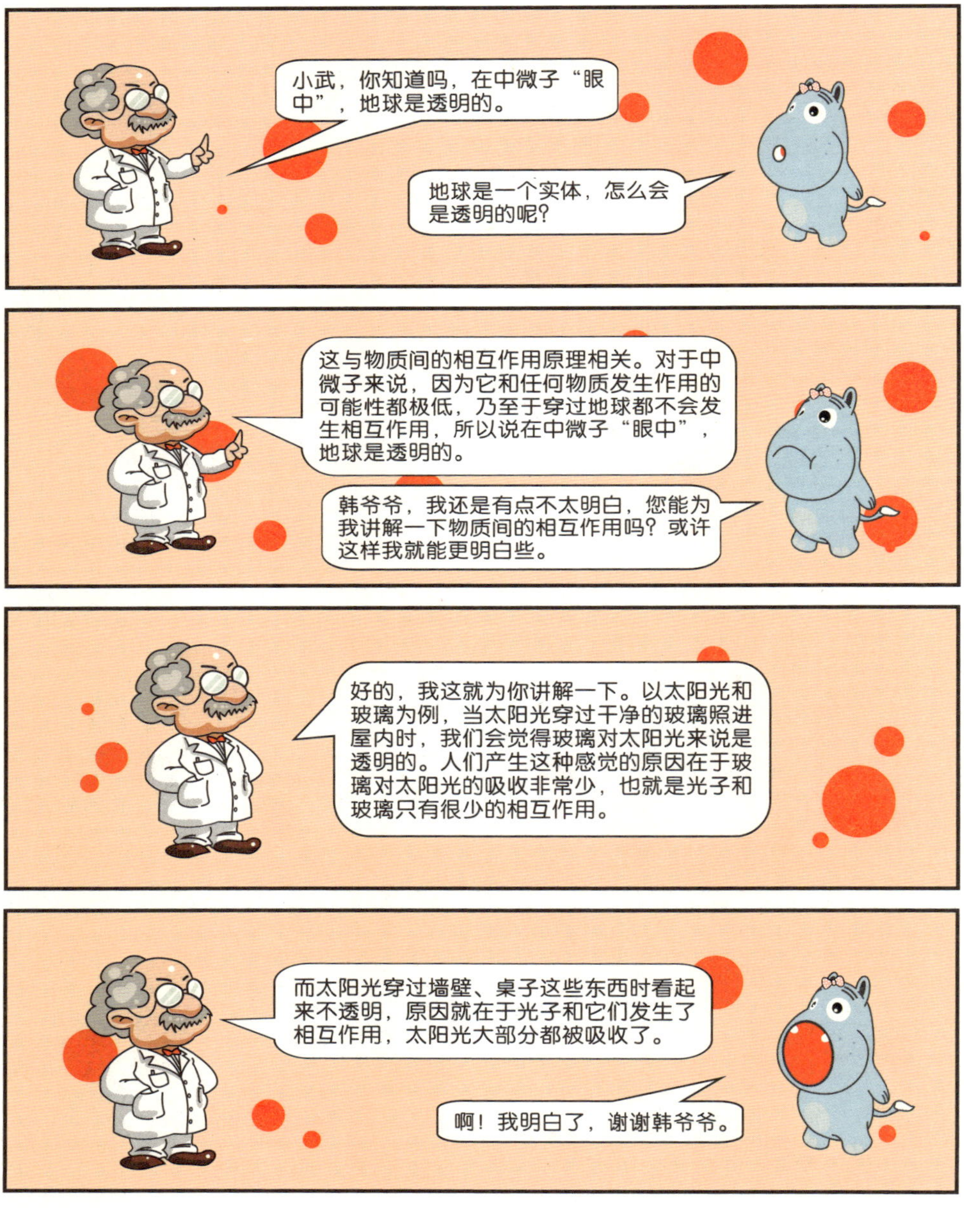
小武，你知道吗，在中微子“眼中”，地球是透明的。
地球是一个实体，怎么会是透明的呢？
这与物质间的相互作用原理相关。对于中微子来说，因为它和任何物质发生作用的可能性都极低，乃至于穿过地球都不会发生相互作用，所以说在中微子“眼中”，地球是透明的。
韩爷爷，我还是有点不太明白，您能为我讲解一下物质间的相互作用吗？或许这样我就能更明白些。
好的，我这就为你讲解一下。以太阳光和玻璃为例，当太阳光穿过干净的玻璃照进屋内时，我们会觉得玻璃对太阳光来说是透明的。人们产生这种感觉的原因在于玻璃对太阳光的吸收非常少，也就是光子和玻璃只有很少的相互作用。
而太阳光穿过墙壁、桌子这些东西时看起来不透明，原因就在于光子和它们发生了相互作用，太阳光大部分都被吸收了。
啊！我明白了，谢谢韩爷爷。

3 70年中微子研究发展历程

4 宇宙的诞生

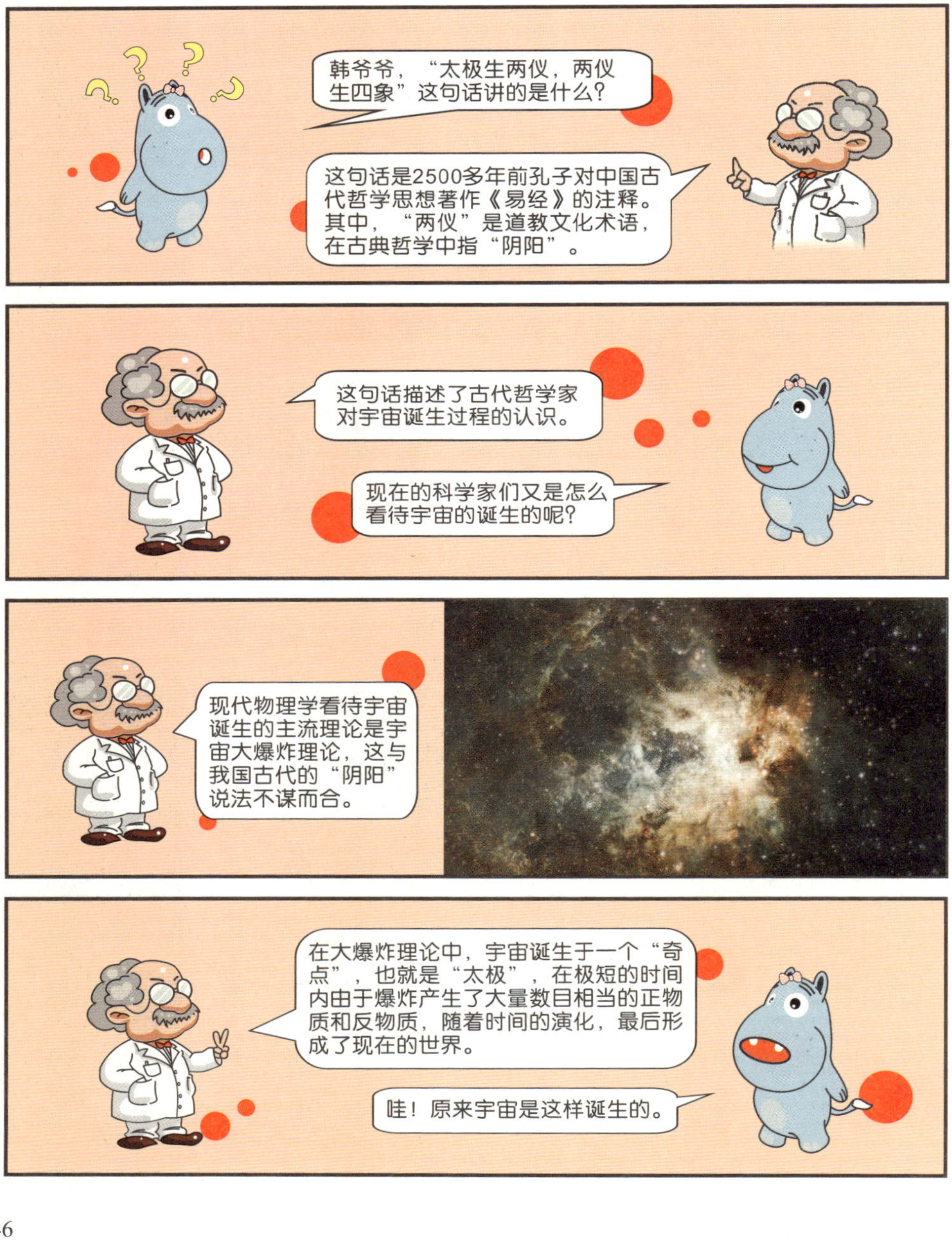

韩爷爷，“太极生两仪，两仪生四象”这句话讲的是什么？
这句话是2500多年前孔子对中国古代哲学思想著作《易经》的注释。其中，“两仪”是道教文化术语，在古典哲学中指“阴阳”。
这句话描述了古代哲学家对宇宙诞生过程的认识。
现在的科学家们又是怎么看待宇宙的诞生的呢？
现代物理学看待宇宙诞生的主流理论是宇宙大爆炸理论，这与我国古代的“阴阳”说法不谋而合。
在大爆炸理论中，宇宙诞生于一个“奇点”，也就是“太极”，在极短的时间内由于爆炸产生了大量数目相当的正物质和反物质，随着时间的演化，最后形成了现在的世界。
哇！原来宇宙是这样诞生的。

5 中微子未解之谜

韩爷爷，中微子有相关的未解之谜吗？
目前关于中微子的研究成果颇丰，但终归只有不到100年的研究历史，自然会存在一些疑问。例如，目前中微子研究就有四大问题亟待解决。
是哪四大问题呢？
第一，中微子的质量尚未直接测到，大小未知；第二，中微子与它的反粒子是否为同一种粒子也不得而知；第三，中微子振荡还有两个参数未测得，而这两个参数很可能与宇宙中反物质缺失之谜有关；第四，它有没有磁矩，还不得而知。
因此，中微子成了粒子物理、天体物理、宇宙学、地球物理的交叉与热点学科。
这些谜团有解决办法了吗？
科学家们已经想到解决办法了，但是受各种限制，暂时还未能完全揭开这些谜题。我们可以通过反应堆中微子、加速器中微子以及大气中微子振荡效应来测量中微子质量顺序。轻子CP破坏相位主要通过加速器中微子实验测量。短基线中微子振荡实验可以探测是否存在轻惰性中微子。

5 “看见”中微子

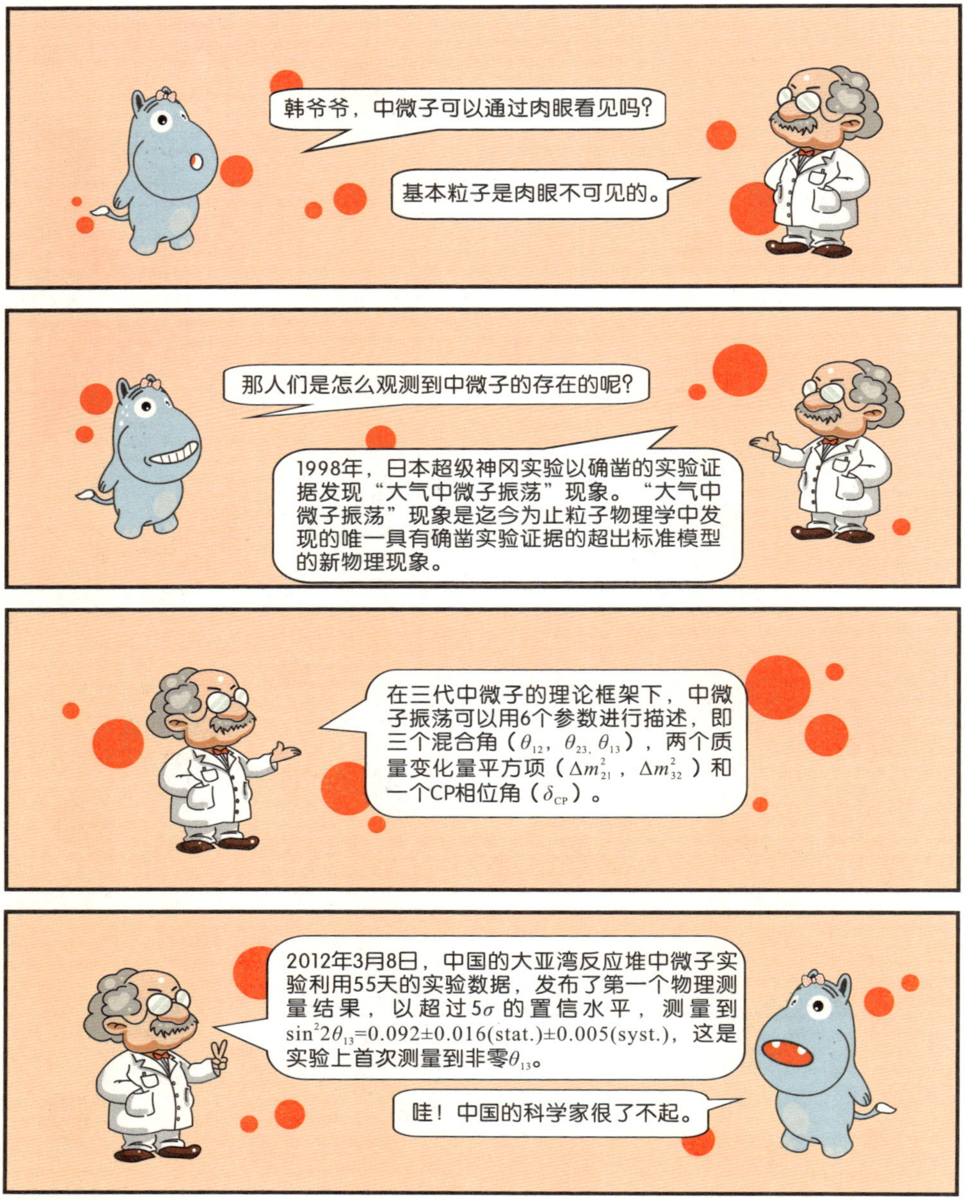
韩爷爷，中微子可以通过肉眼看见吗？
基本粒子是肉眼不可见的。
那人们是怎么观测到中微子的存在的呢？
1998年，日本超级神冈实验以确凿的实验证据发现“大气中微子振荡”现象。“大气中微子振荡”现象是迄今为止粒子物理学中发现的唯一具有确凿实验证据的超出标准模型的新物理现象。
在三代中微子的理论框架下，中微子振荡可以用6个参数进行描述，即三个混合角（θ_{12}，θ_{23}，θ_{13}），两个质量变化量平方项（Δm_{21}^2，Δm_{32}^2）和一个CP相位角（δ_{CP}）。
2012年3月8日，中国的大亚湾反应堆中微子实验利用55天的实验数据，发布了第一个物理测量结果，以超过5σ的置信水平，测量到$\sin^2 2\theta_{13}=0.092\pm0.016(\text{stat.})\pm0.005(\text{syst.})$，这是实验上首次测量到非零$\theta_{13}$。
哇！中国的科学家很了不起。

7 中微子振荡

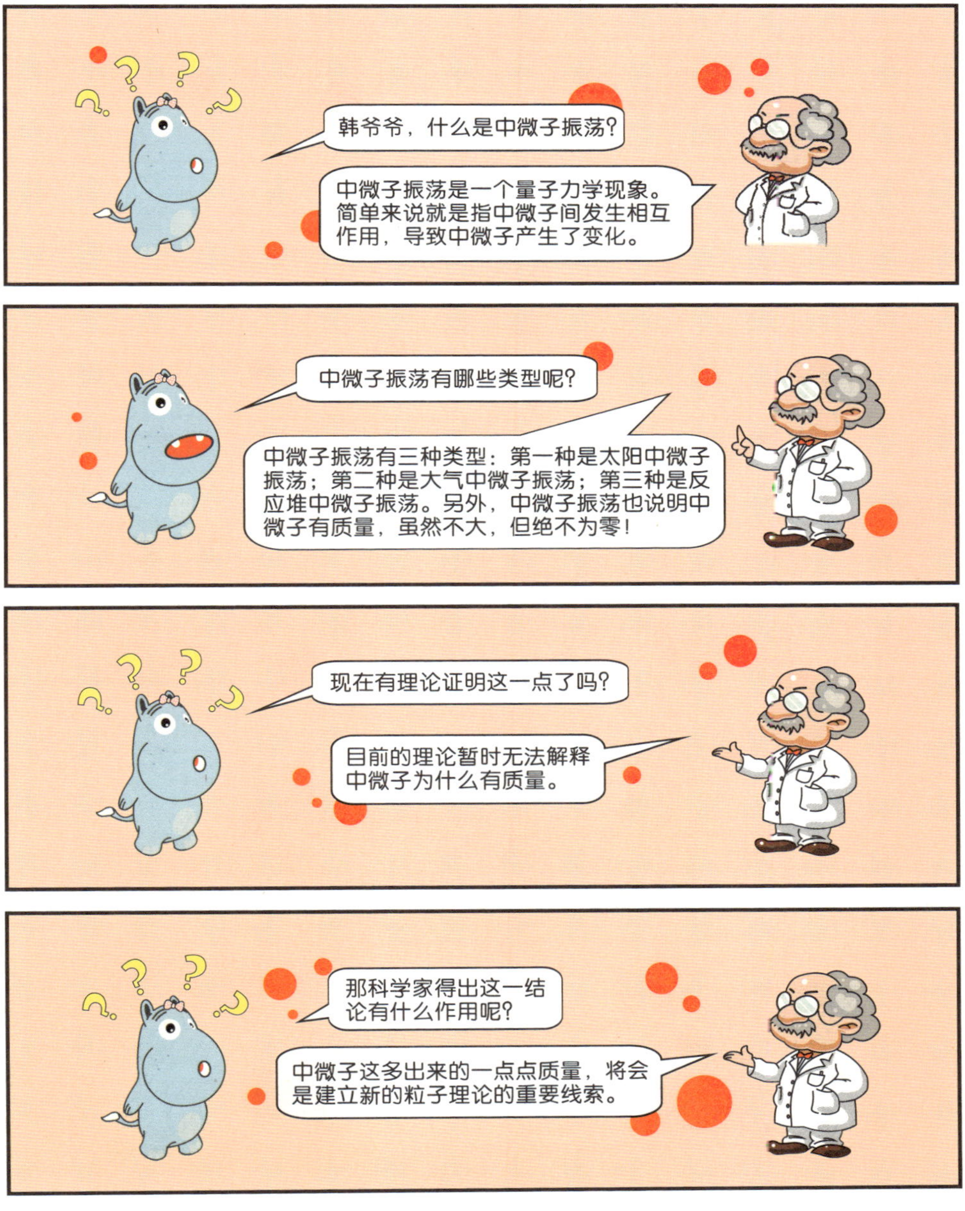
韩爷爷，什么是中微子振荡？
中微子振荡是一个量子力学现象。简单来说就是指中微子间发生相互作用，导致中微子产生了变化。
中微子振荡有哪些类型呢？
中微子振荡有三种类型：第一种是太阳中微子振荡；第二种是大气中微子振荡；第三种是反应堆中微子振荡。另外，中微子振荡也说明中微子有质量，虽然不大，但绝不为零！
现在有理论证明这一点了吗？
目前的理论暂时无法解释中微子为什么有质量。
那科学家得出这一结论有什么作用呢？
中微子这多出来的一点点质量，将会是建立新的粒子理论的重要线索。

8 寻找新的中微子

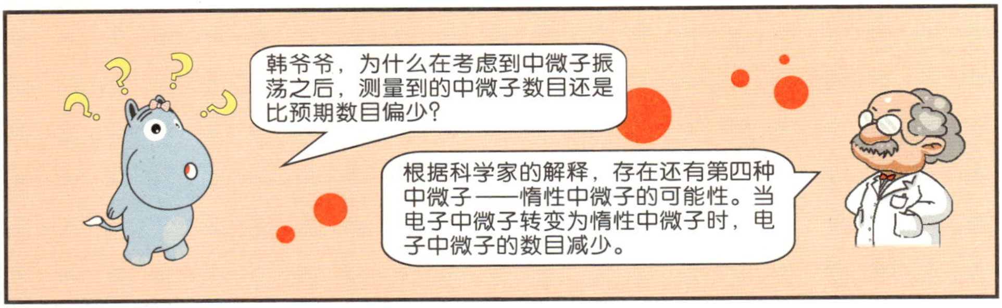
韩爷爷，为什么在考虑到中微子振荡之后，测量到的中微子数目还是比预期数目偏少？
根据科学家的解释，存在还有第四种中微子——惰性中微子的可能性。当电子中微子转变为惰性中微子时，电子中微子的数目减少。

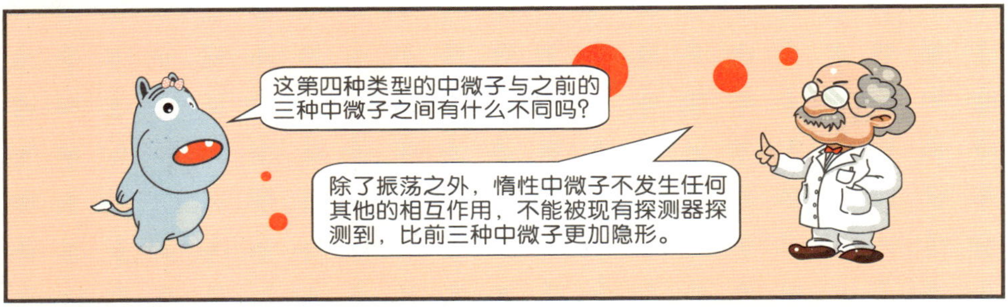
这第四种类型的中微子与之前的三种中微子之间有什么不同吗？
除了振荡之外，惰性中微子不发生任何其他的相互作用，不能被现有探测器探测到，比前三种中微子更加隐形。

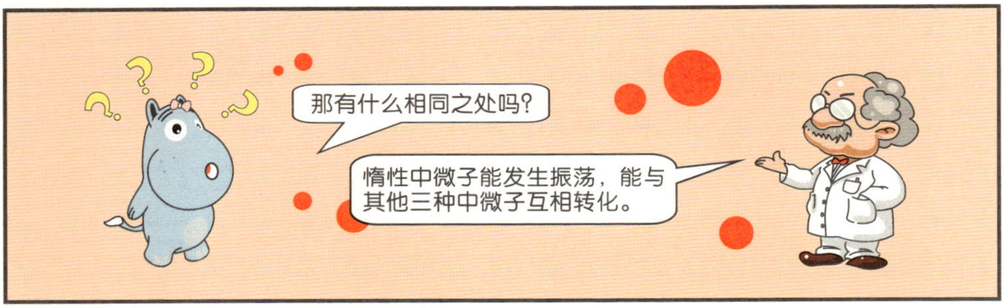
那有什么相同之处吗？
惰性中微子能发生振荡，能与其他三种中微子互相转化。

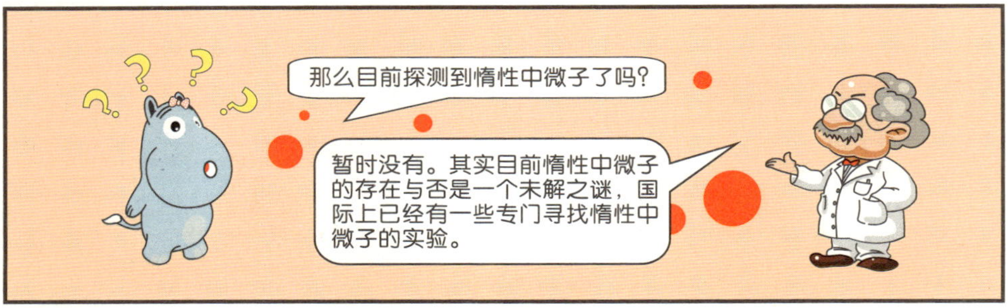
那么目前探测到惰性中微子了吗？
暂时没有。其实目前惰性中微子的存在与否是一个未解之谜，国际上已经有一些专门寻找惰性中微子的实验。

9 中国中微子实验水平

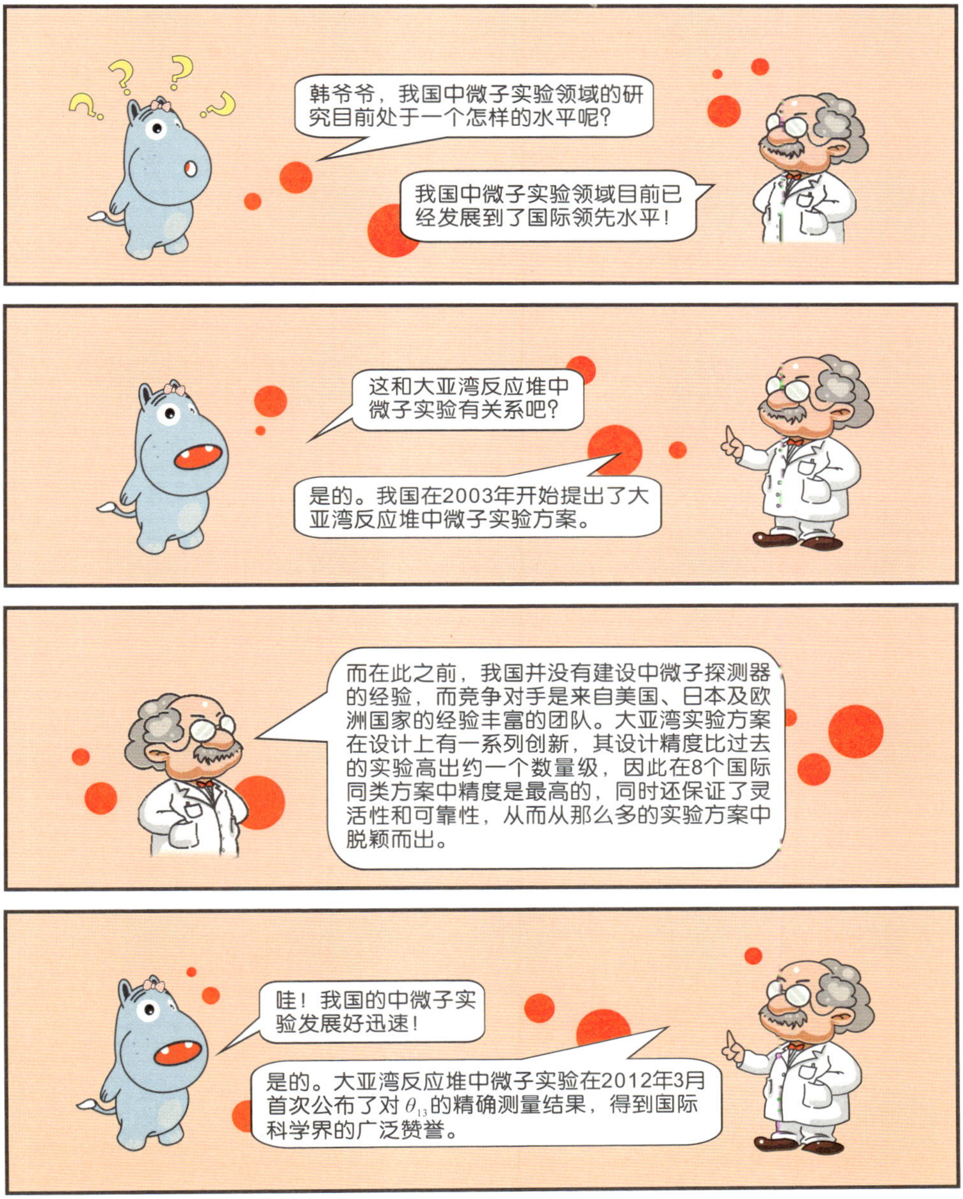
韩爷爷，我国中微子实验领域的研究目前处于一个怎样的水平呢？
我国中微子实验领域目前已经发展到了国际领先水平！
这和大亚湾反应堆中微子实验有关系吧？
是的。我国在2003年开始提出了大亚湾反应堆中微子实验方案。
而在此之前，我国并没有建设中微子探测器的经验，而竞争对手是来自美国、日本及欧洲国家的经验丰富的团队。大亚湾实验方案在设计上有一系列创新，其设计精度比过去的实验高出约一个数量级，因此在8个国际同类方案中精度是最高的，同时还保证了灵活性和可靠性，从而从那么多的实验方案中脱颖而出。
哇！我国的中微子实验发展好迅速！
是的。大亚湾反应堆中微子实验在2012年3月首次公布了对 θ_{13} 的精确测量结果，得到国际科学界的广泛赞誉。

10 大亚湾反应堆中微子实验的优势

11 大亚湾中微子探测器的结构

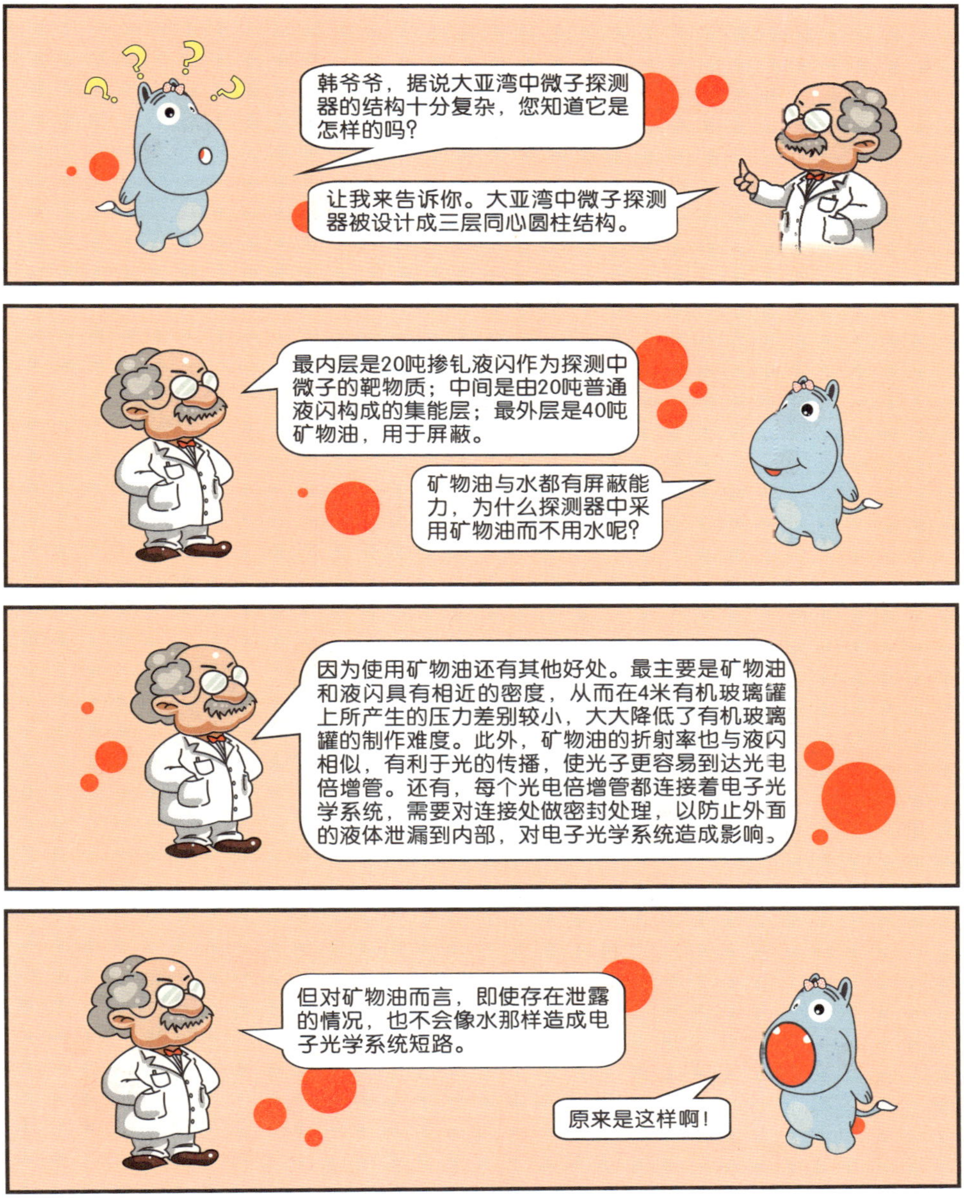

12 中微子实验的基本要素

13 中微子实验的法则

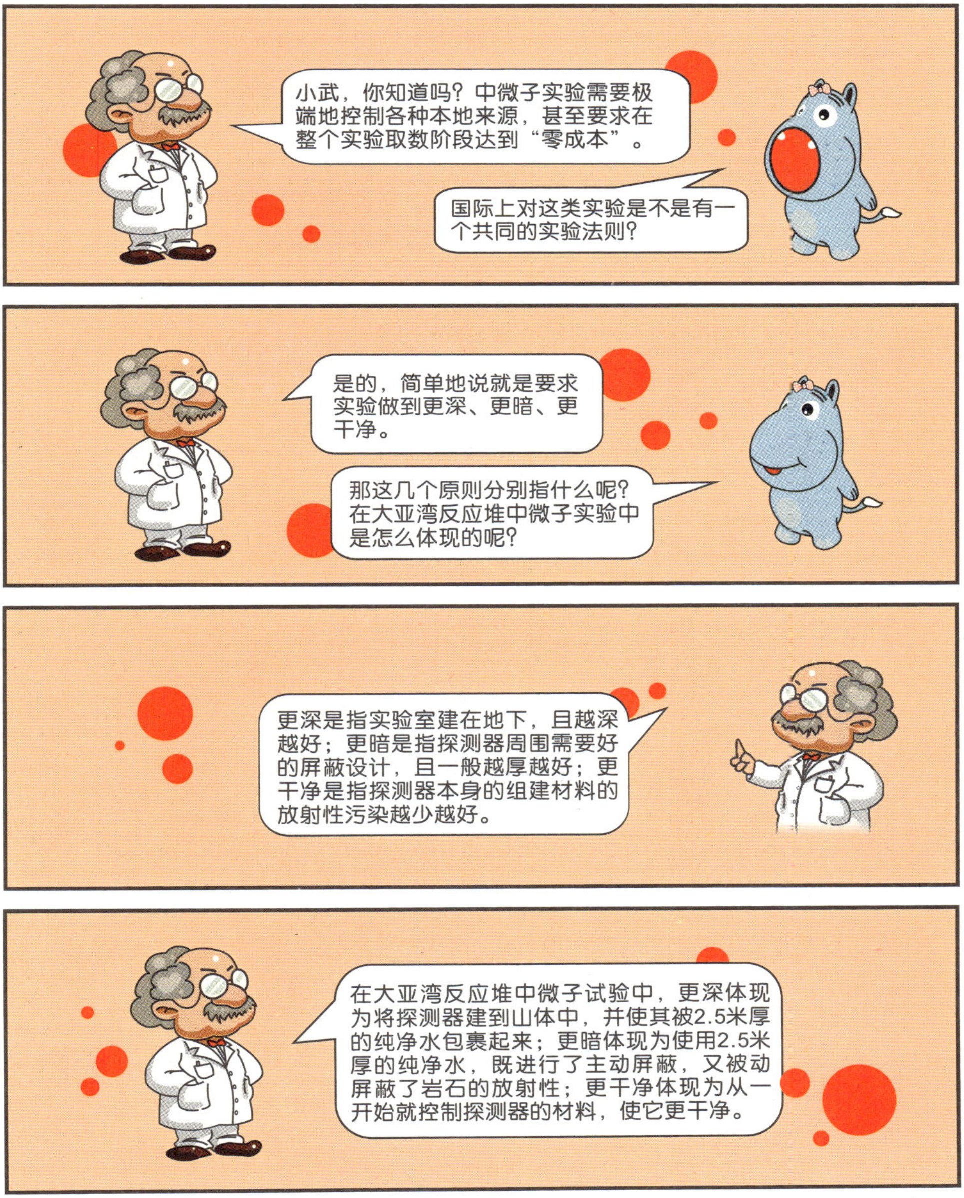
小武，你知道吗？中微子实验需要极端地控制各种本地来源，甚至要求在整个实验取数阶段达到“零成本”。
国际上对这类实验是不是有一个共同的实验法则？
是的，简单地说就是要求实验做到更深、更暗、更干净。
那这几个原则分别指什么呢？在大亚湾反应堆中微子实验中是怎么体现的呢？
更深是指实验室建在地下，且越深越好；更暗是指探测器周围需要好的屏蔽设计，且一般越厚越好；更干净是指探测器本身的组建材料的放射性污染越少越好。
在大亚湾反应堆中微子试验中，更深体现为将探测器建到山体中，并使其被2.5米厚的纯净水包裹起来；更暗体现为使用2.5米厚的纯净水，既进行了主动屏蔽，又被动屏蔽了岩石的放射性；更干净体现为从一开始就控制探测器的材料，使它更干净。

14 大亚湾反应堆中微子实验成败的关键

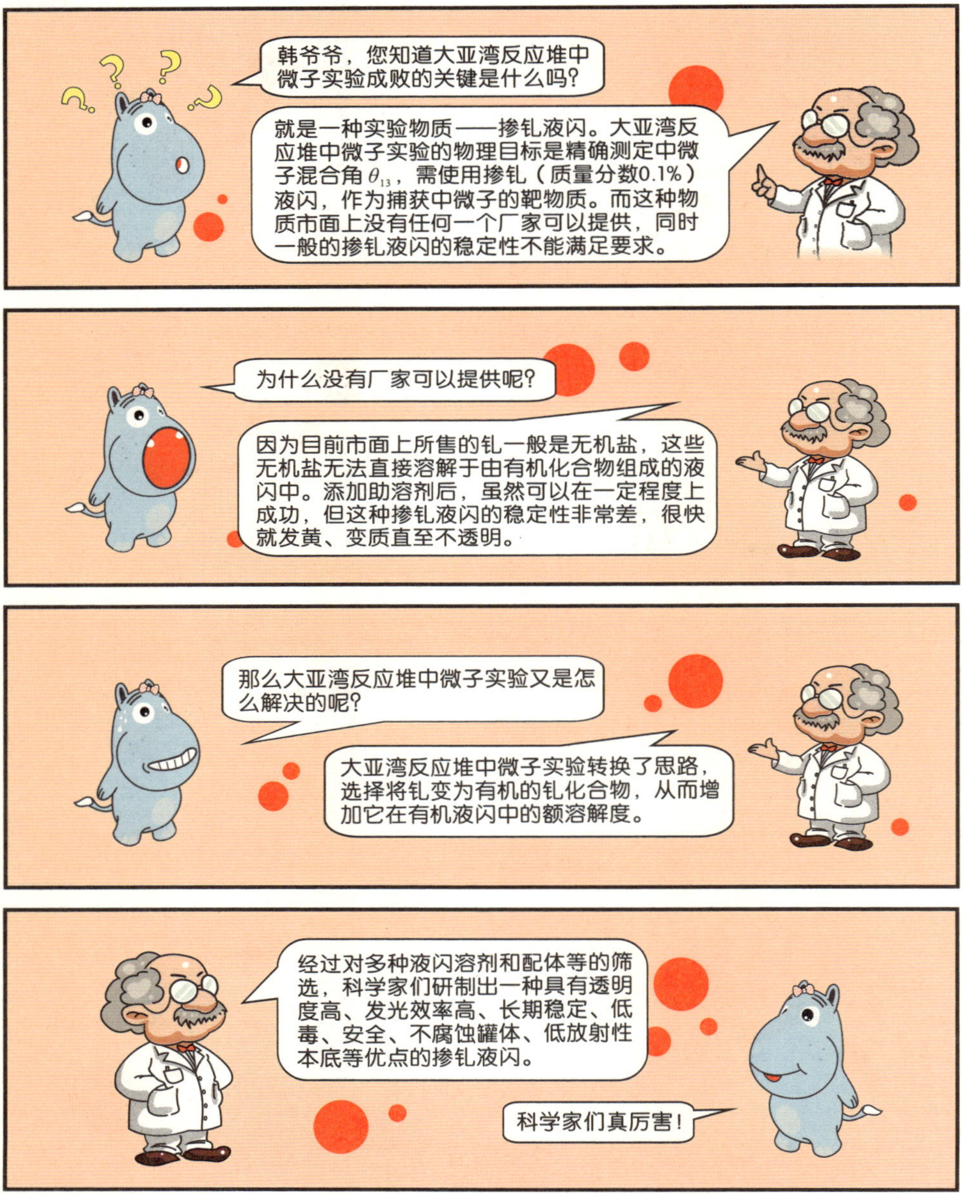

15 大亚湾反应堆中微子实验的成就

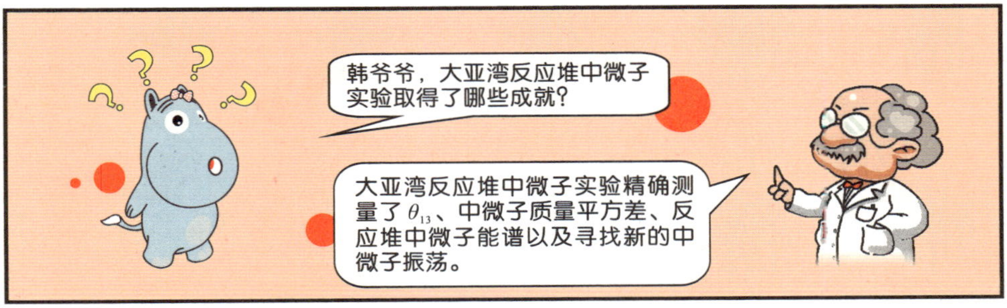

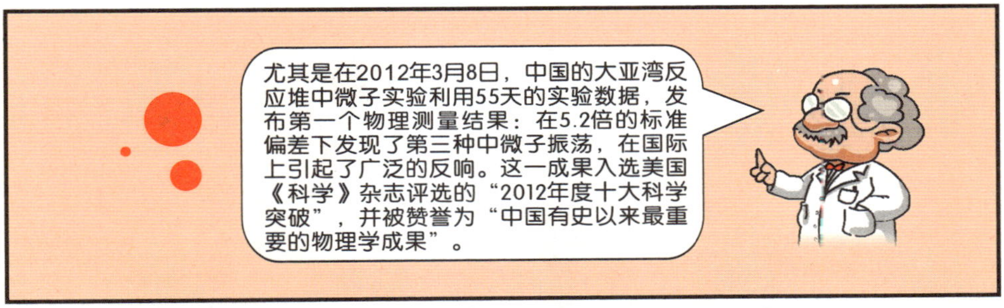

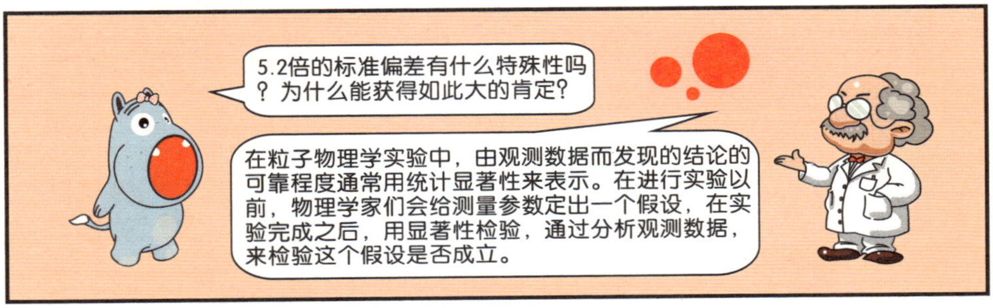

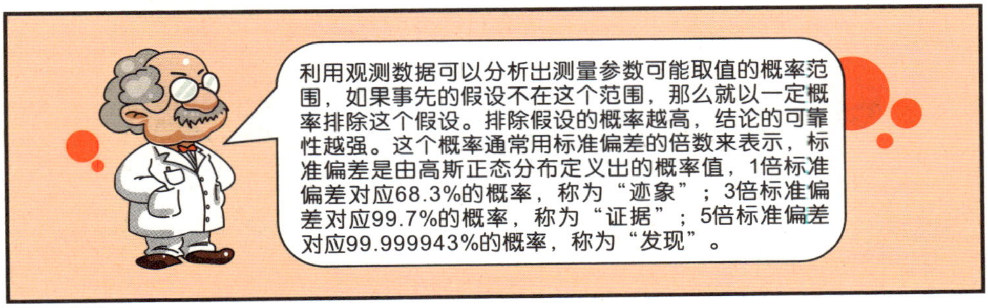

16 大亚湾反应堆中微子实验中的中国制造

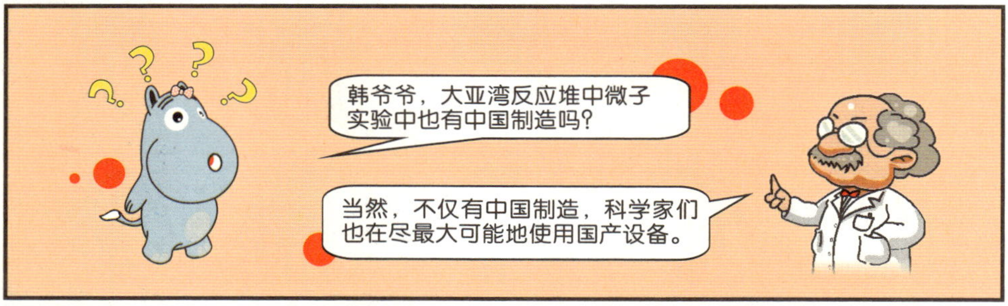

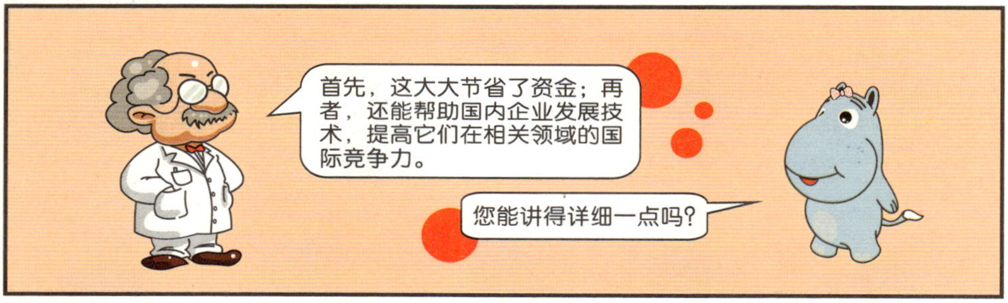

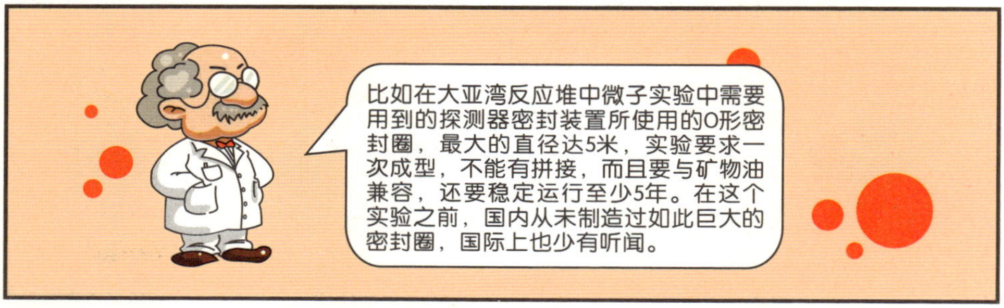

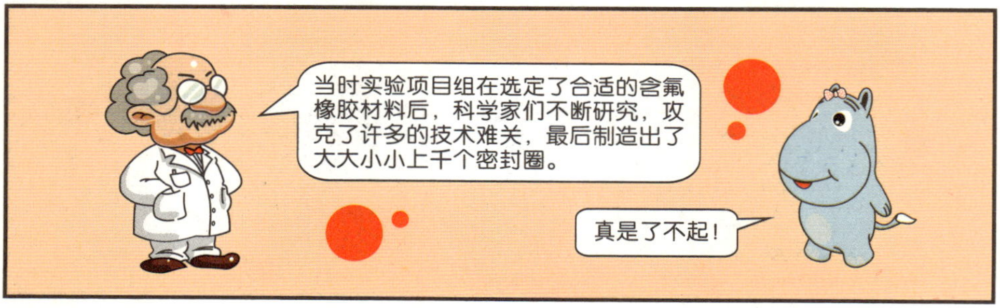

17 大亚湾反应堆中微子实验的突破性成就

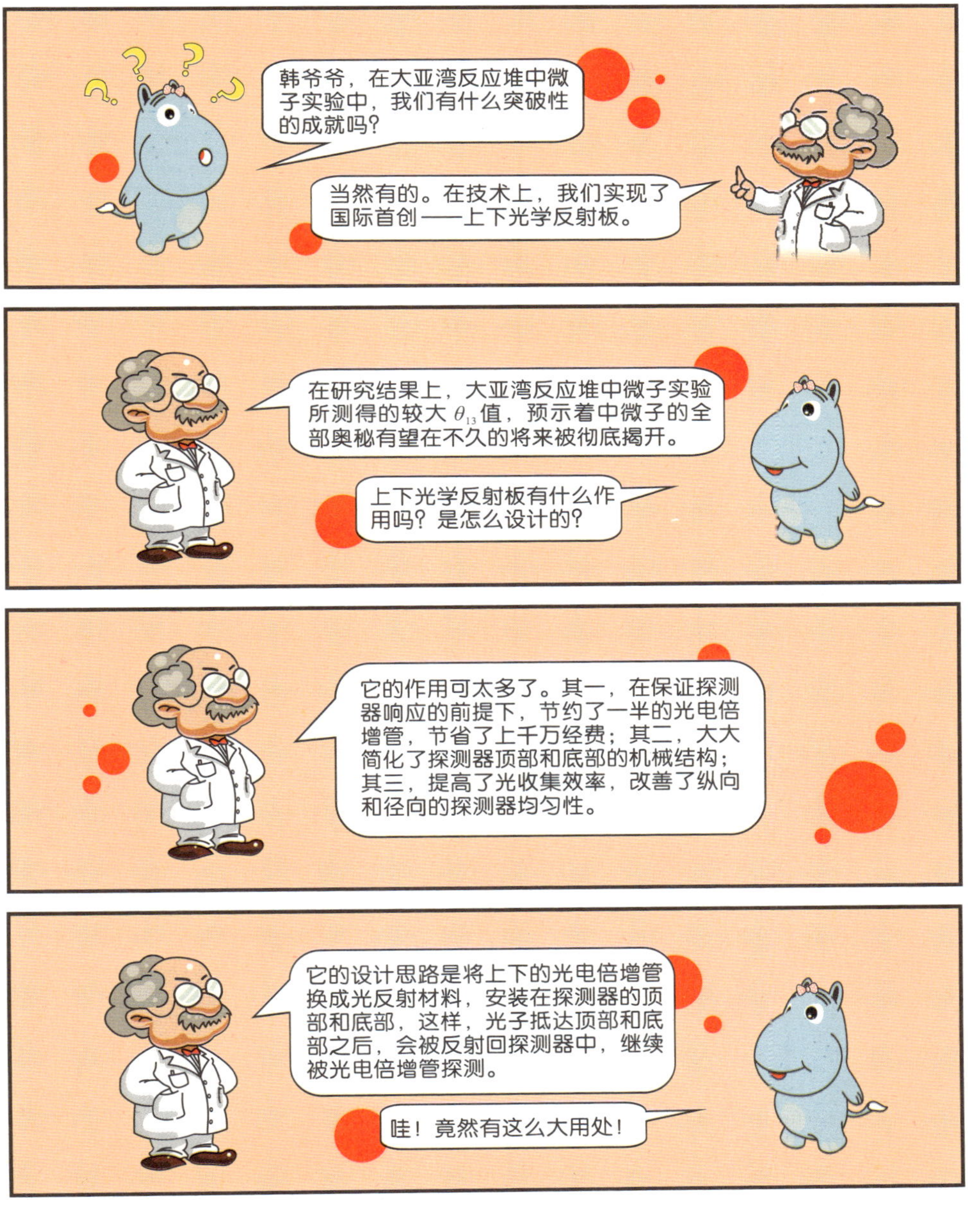

第四章 郭守敬望远镜 LAMOST

1 古代人对宇宙的想象

韩爷爷，我一直好奇，既然地球大部分都是蓝色的海洋，那我们脚下的土地会不会是一块巨大的龟背呢？
哈哈，小武的想象力真丰富。你的想法跟古印度人颇有相似之处。
他们认为大地是一个隆起的圆盾，由三头大象扛着，而这三头大象又站在龟背上，这龟又浮在海里呢。古埃及人就认为天空是以星辰遮身的女性形态出现，她的身体横跨天际，连接落日和朝阳。太阳每晚日落进入她的口中，第二天又从她身体中重生，周而复始。
哇，真有意思！那我们古代中国人呢？
我们老祖先认为，宇宙之初天地浑然一体，如鸡蛋一般圆，叫作“混沌”。创世神盘古便生在其中，后来他用神斧将天地劈开，清而明的上浮为天，暗而浊的下沉为地。
开天辟地
盘古
盘古在天地间不断长大，经过一万八千年，天变得极高，地变得极厚。据传说，盘古用自己的身体创造出一个充满生机的世界。他的左眼变成太阳，右眼变成月亮，汗珠变成湖泊，血液变成江河，毛发变成草原和森林，呼出的气体变成风云，发出的声音变成雷鸣，躯干变成五岳，肌肤变成了辽阔的大地……从此万物生长，人类繁衍。

2 中国古代三大宇宙模型

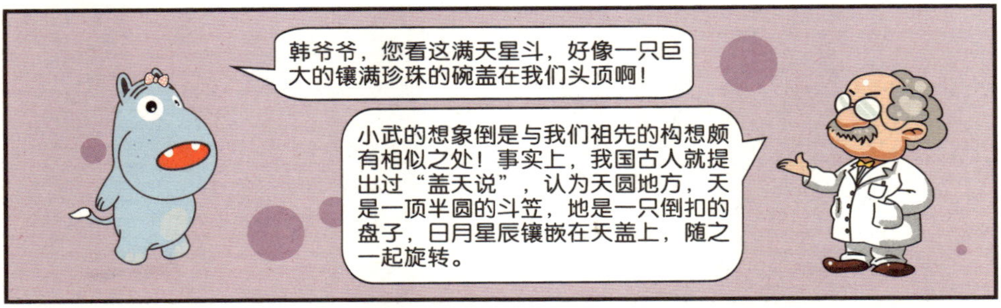

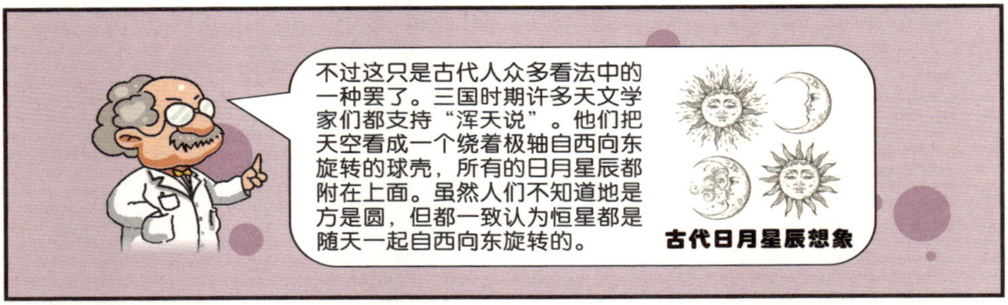

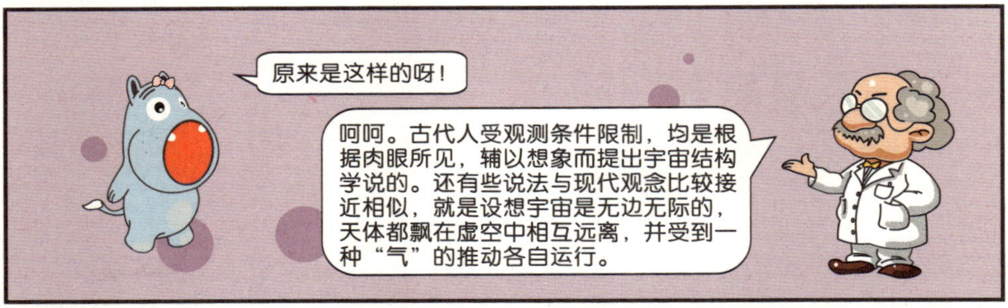

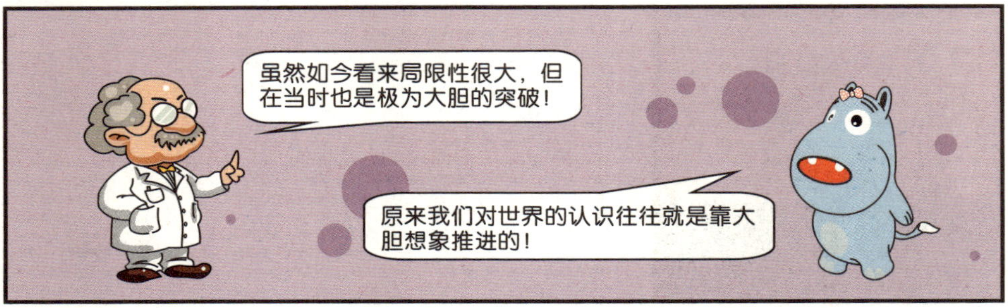

3 视觉的原理

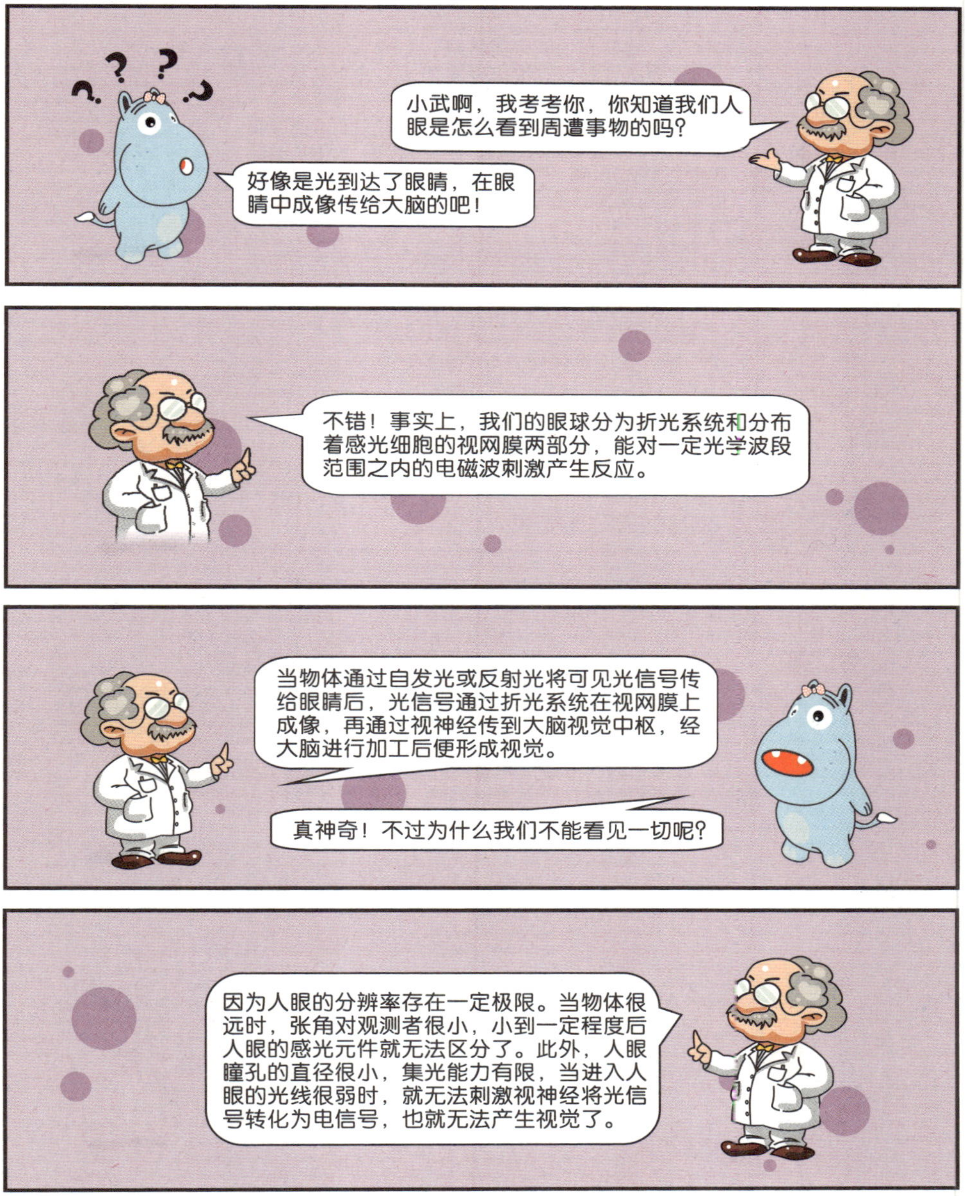
小武啊，我考考你，你知道我们人眼是怎么看到周遭事物的吗？
好像是光到达了眼睛，在眼睛中成像传给大脑的吧！
不错！事实上，我们的眼球分为折光系统和分布着感光细胞的视网膜两部分，能对一定光学波段范围之内的电磁波刺激产生反应。
当物体通过自发光或反射光将可见光信号传给眼睛后，光信号通过折光系统在视网膜上成像，再通过视神经传到大脑视觉中枢，经大脑进行加工后便形成视觉。
真神奇！不过为什么我们不能看见一切呢？
因为人眼的分辨率存在一定极限。当物体很远时，张角对观测者很小，小到一定程度后人眼的感光元件就无法区分了。此外，人眼瞳孔的直径很小，集光能力有限，当进入人眼的光线很弱时，就无法刺激视神经将光信号转化为电信号，也就无法产生视觉了。

4 望远镜小史

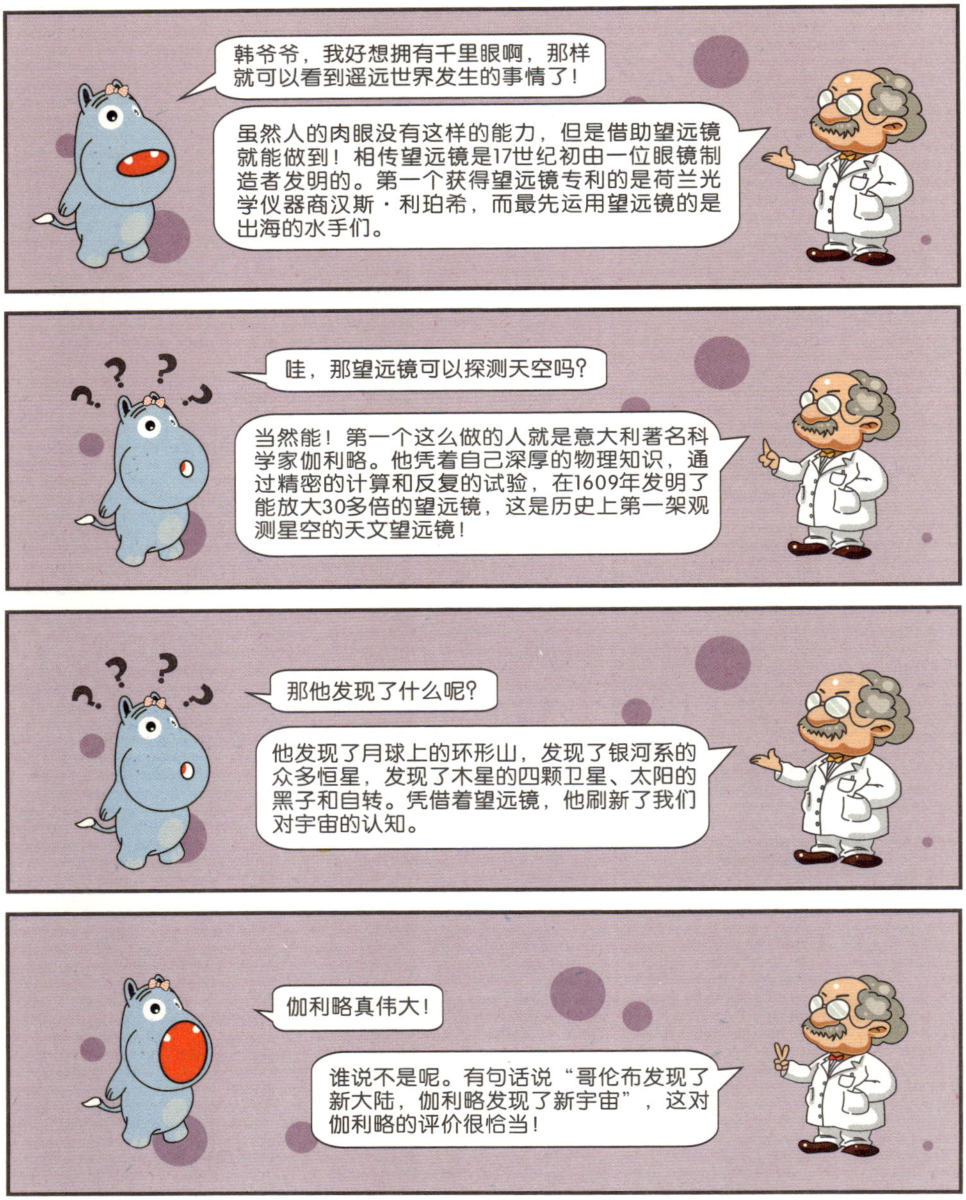
韩爷爷，我好想拥有千里眼啊，那样就可以看到遥远世界发生的事情了！
虽然人的肉眼没有这样的能力，但是借助望远镜就能做到！相传望远镜是17世纪初由一位眼镜制造者发明的。第一个获得望远镜专利的是荷兰光学仪器商汉斯·利珀希，而最先运用望远镜的是出海的水手们。
哇，那望远镜可以探测天空吗？
当然能！第一个这么做的人就是意大利著名科学家伽利略。他凭着自己深厚的物理知识，通过精密的计算和反复的试验，在1609年发明了能放大30多倍的望远镜，这是历史上第一架观测星空的天文望远镜！
那他发现了什么呢？
他发现了月球上的环形山，发现了银河系的众多恒星，发现了木星的四颗卫星、太阳的黑子和自转。凭借着望远镜，他刷新了我们对宇宙的认知。
伽利略真伟大！
谁说不是呢。有句话说“哥伦布发现了新大陆，伽利略发现了新宇宙”，这对伽利略的评价很恰当！

5 天文望远镜历史风云人物

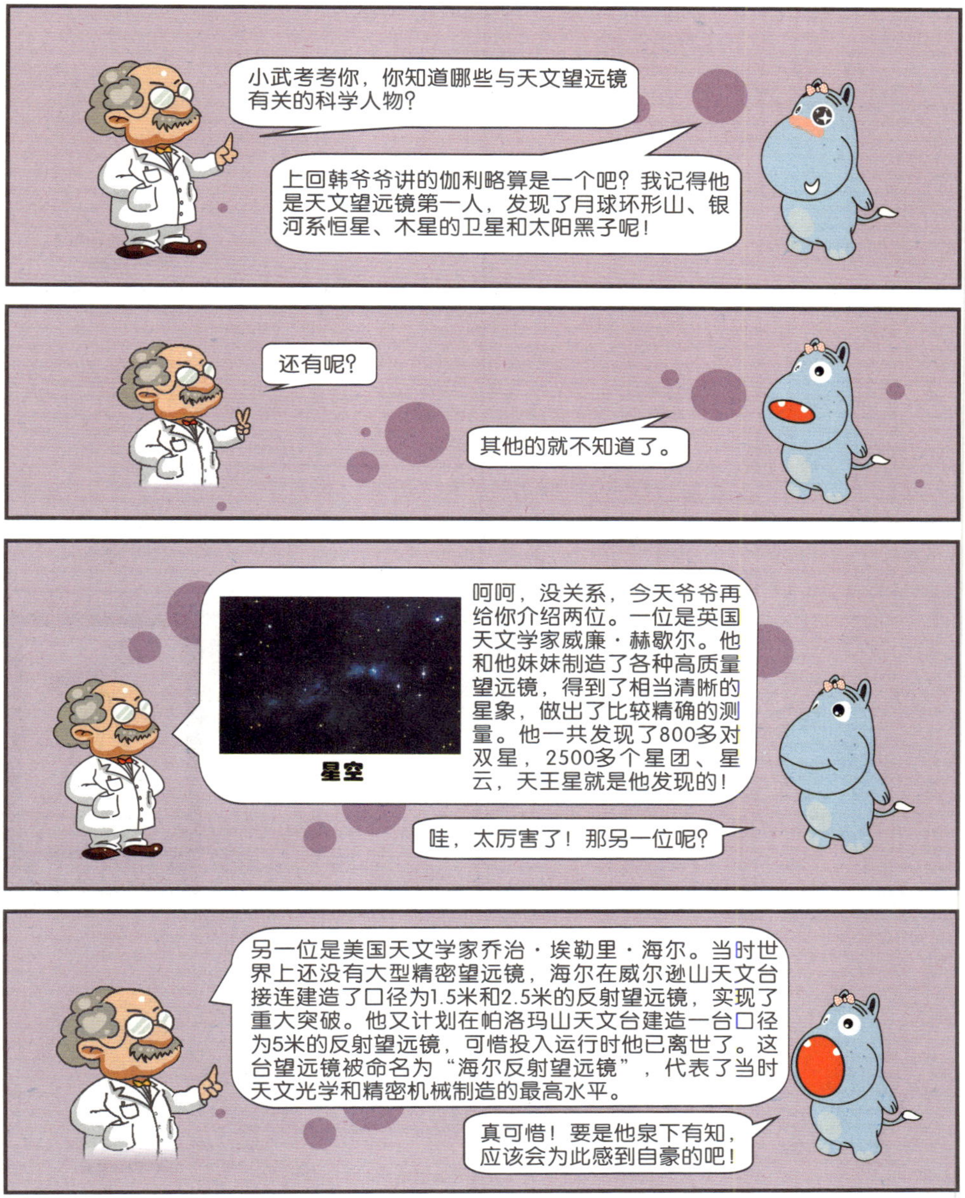

6 施密特的折返式望远镜

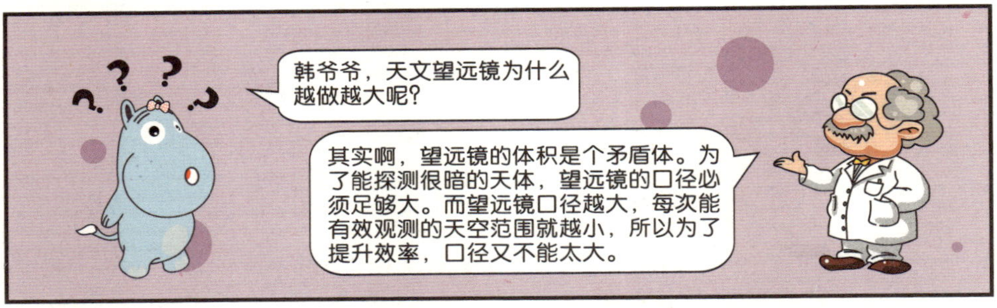

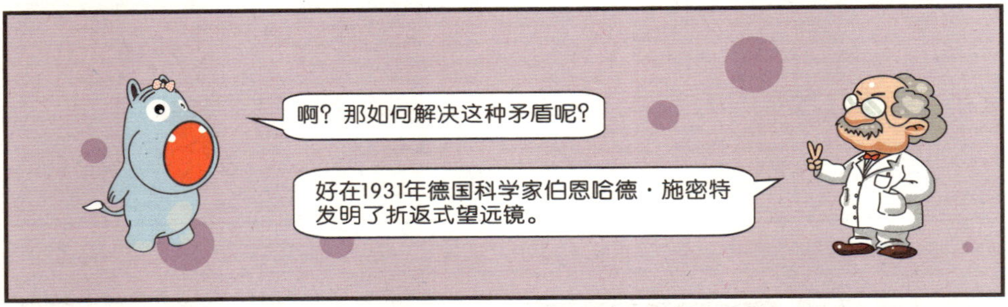

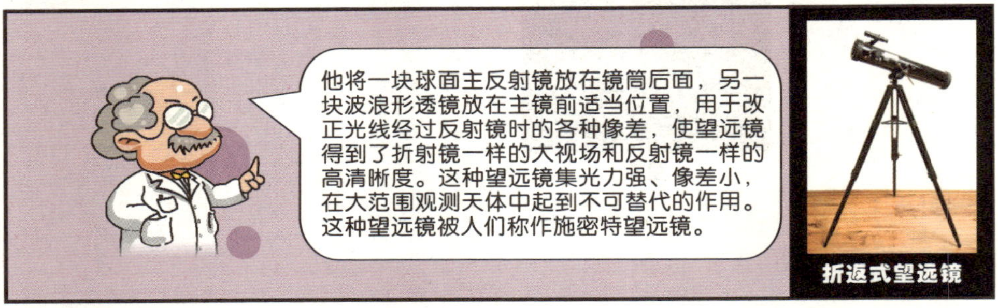

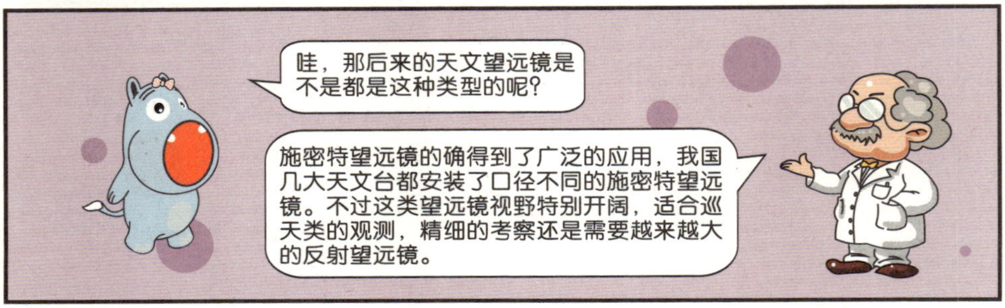

7 大型望远镜的发展

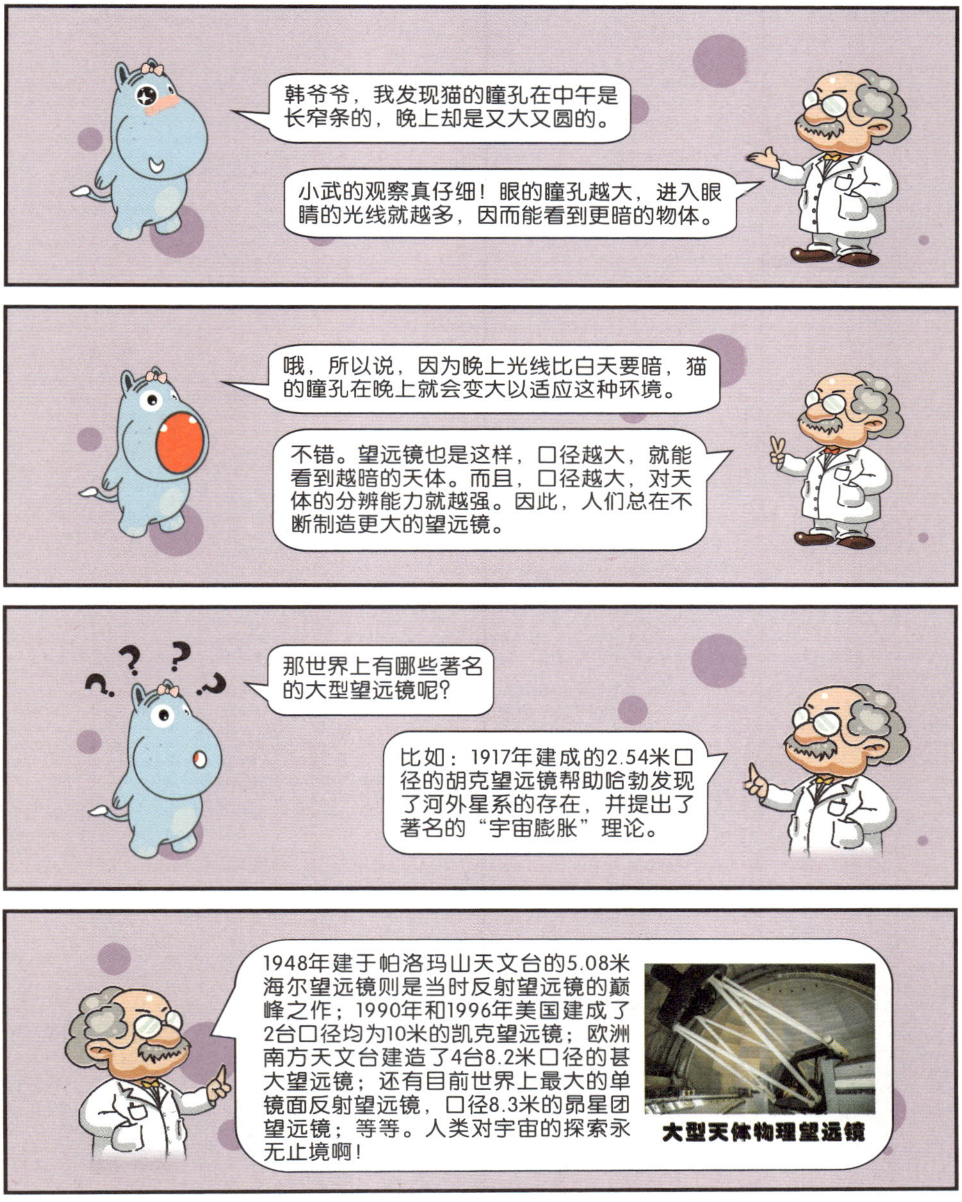
韩爷爷，我发现猫的瞳孔在中午是长窄条的，晚上却是又大又圆的。
小武的观察真仔细！眼的瞳孔越大，进入眼睛的光线就越多，因而能看到更暗的物体。
哦，所以说，因为晚上光线比白天要暗，猫的瞳孔在晚上就会变大以适应这种环境。
不错。望远镜也是这样，口径越大，就能看到越暗的天体。而且，口径越大，对天体的分辨能力就越强。因此，人们总在不断制造更大的望远镜。
那世界上有哪些著名的大型望远镜呢？
比如：1917年建成的2.54米口径的胡克望远镜帮助哈勃发现了河外星系的存在，并提出了著名的“宇宙膨胀”理论。
1948年建于帕洛玛山天文台的5.08米海尔望远镜则是当时反射望远镜的巅峰之作；1990年和1996年美国建成了2台口径均为10米的凯克望远镜；欧洲南方天文台建造了4台8.2米口径的甚大望远镜；还有目前世界上最大的单镜面反射望远镜，口径8.3米的昴星团望远镜；等等。人类对宇宙的探索永无止境啊！
大型天体物理望远镜

8 王绶琯和苏定强的突破

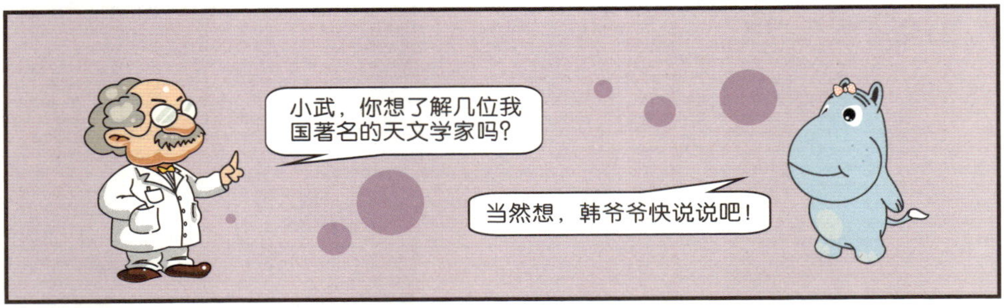

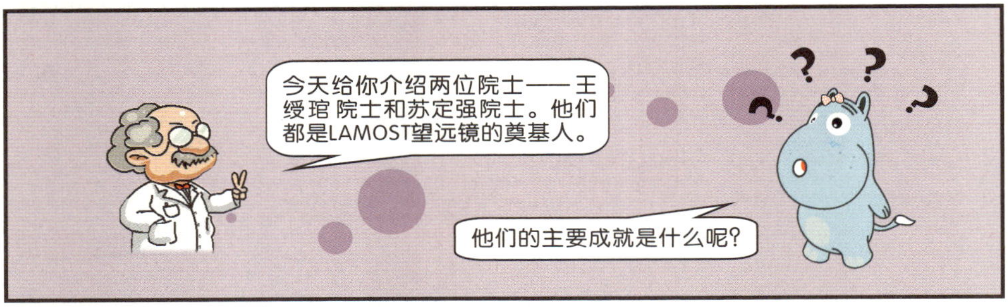

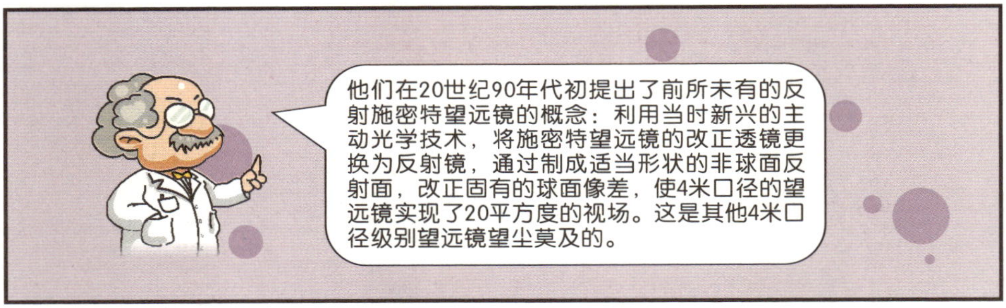

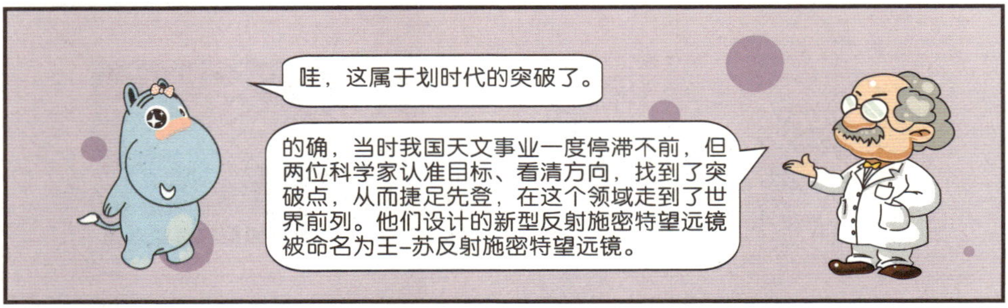

9　LAMOST概貌

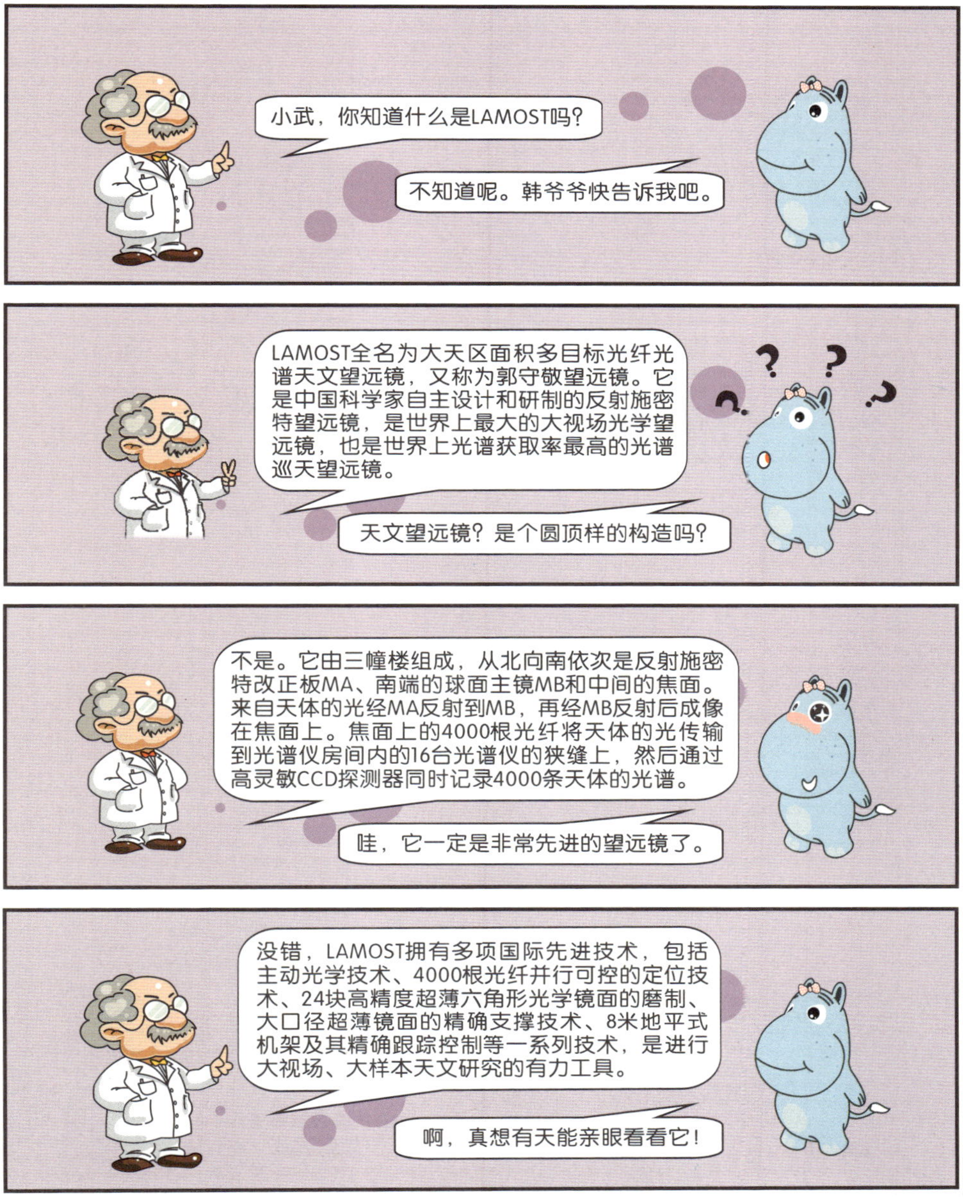
小武，你知道什么是LAMOST吗？
不知道呢。韩爷爷快告诉我吧。
LAMOST全名为大天区面积多目标光纤光谱天文望远镜，又称为郭守敬望远镜。它是中国科学家自主设计和研制的反射施密特望远镜，是世界上最大的大视场光学望远镜，也是世界上光谱获取率最高的光谱巡天望远镜。
天文望远镜？是个圆顶样的构造吗？
不是。它由三幢楼组成，从北向南依次是反射施密特改正板MA、南端的球面主镜MB和中间的焦面。来自天体的光经MA反射到MB，再经MB反射后成像在焦面上。焦面上的4000根光纤将天体的光传输到光谱仪房间内的16台光谱仪的狭缝上，然后通过高灵敏CCD探测器同时记录4000条天体的光谱。
哇，它一定是非常先进的望远镜了。
没错，LAMOST拥有多项国际先进技术，包括主动光学技术、4000根光纤并行可控的定位技术、24块高精度超薄六角形光学镜面的磨制、大口径超薄镜面的精确支撑技术、8米地平式机架及其精确跟踪控制等一系列技术，是进行大视场、大样本天文研究的有力工具。
啊，真想有天能亲眼看看它！

10 主动光学技术

小武，今天爷爷给你讲讲LAMOST采用的主动光学技术。
主动光学技术？那是什么？
望远镜的镜片会产生重力变形，影响观测精度，但是该变形量是可以事先知道或实时测量的，那么就可以在反射镜后面加上自动控制的机构来抵消重力的影响，也可以校正反射镜变形、磨制误差和光学系统的准直误差，这种技术被称为主动光学技术。
在实际中主动光学系统是怎样工作的呢？
在观测过程中，主动光学系统实时自动地用内置光学修正部件调整像质，在望远镜的每一块小镜子背后安装促动器，用各种传感器不断检测镜面发生的形变或位置变化，然后通过促动器来矫正镜子的形状和位置误差，使它们保持在最佳状态。
LAMOST有什么特别之处呢？
LAMOST在同一块大镜面上同时应用了可变形薄镜面主动光学技术和拼接镜面主动光学技术，还在一个光学系统中采用了两块大的拼接镜面，并且实现了六角形可变形镜面，均属于世界首创。LAMOST不仅能维持好的镜面曲面形状，还能在观测中不断调整不同镜面的曲面形状，用主动光学产生高精度的镜面面形，这是常规的光学技术不能做到的。
哇，真为LAMOST感到骄傲！

11 光谱巡天

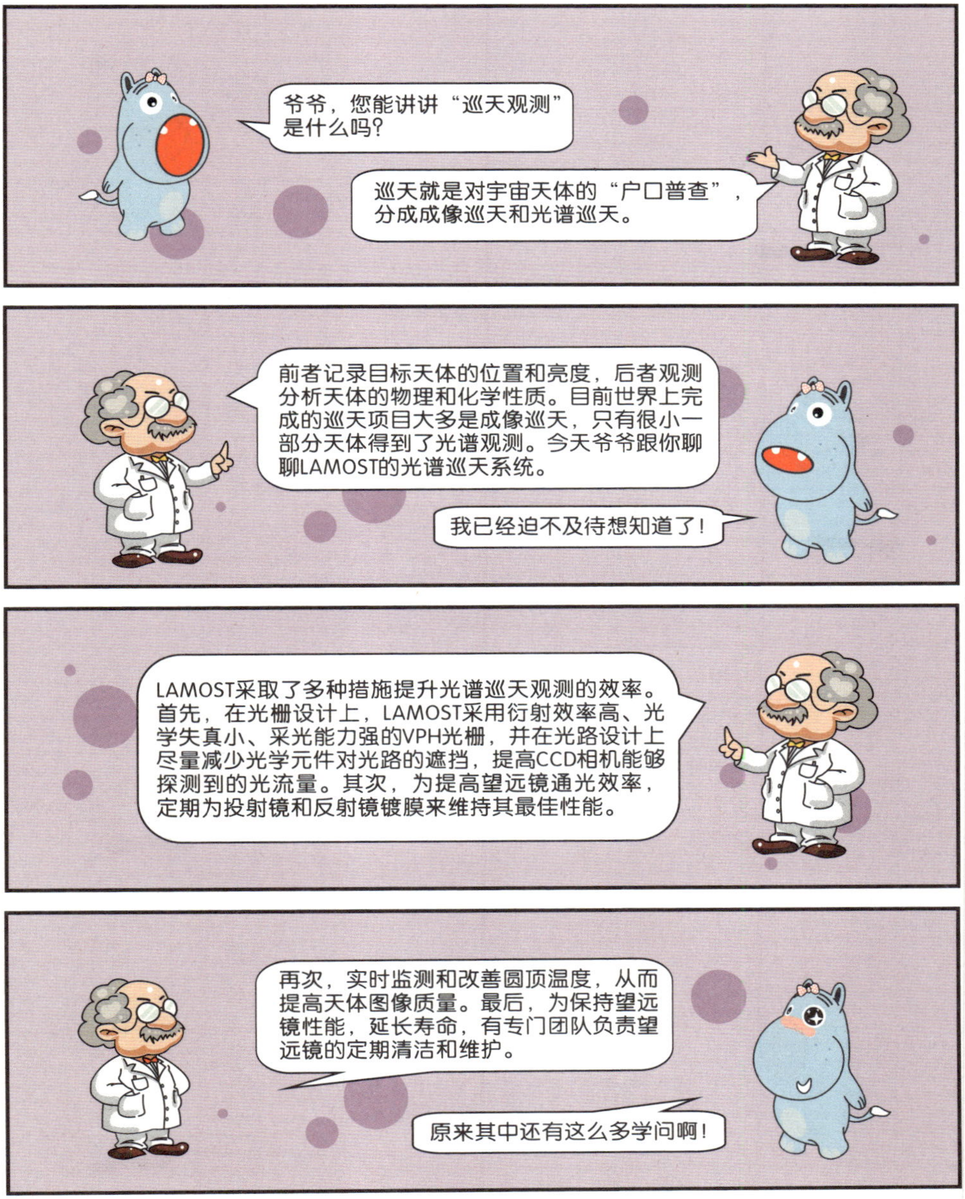
爷爷，您能讲讲“巡天观测”是什么吗？
巡天就是对宇宙天体的“户口普查”，分成成像巡天和光谱巡天。
前者记录目标天体的位置和亮度，后者观测分析天体的物理和化学性质。目前世界上完成的巡天项目大多是成像巡天，只有很小一部分天体得到了光谱观测。今天爷爷跟你聊聊LAMOST的光谱巡天系统。
我已经迫不及待想知道了！
LAMOST采取了多种措施提升光谱巡天观测的效率。首先，在光栅设计上，LAMOST采用衍射效率高、光学失真小、采光能力强的VPH光栅，并在光路设计上尽量减少光学元件对光路的遮挡，提高CCD相机能够探测到的光流量。其次，为提高望远镜通光效率，定期为投射镜和反射镜镀膜来维持其最佳性能。
再次，实时监测和改善圆顶温度，从而提高天体图像质量。最后，为保持望远镜性能，延长寿命，有专门团队负责望远镜的定期清洁和维护。
原来其中还有这么多学问啊！

12 LAMOST的技术攻关

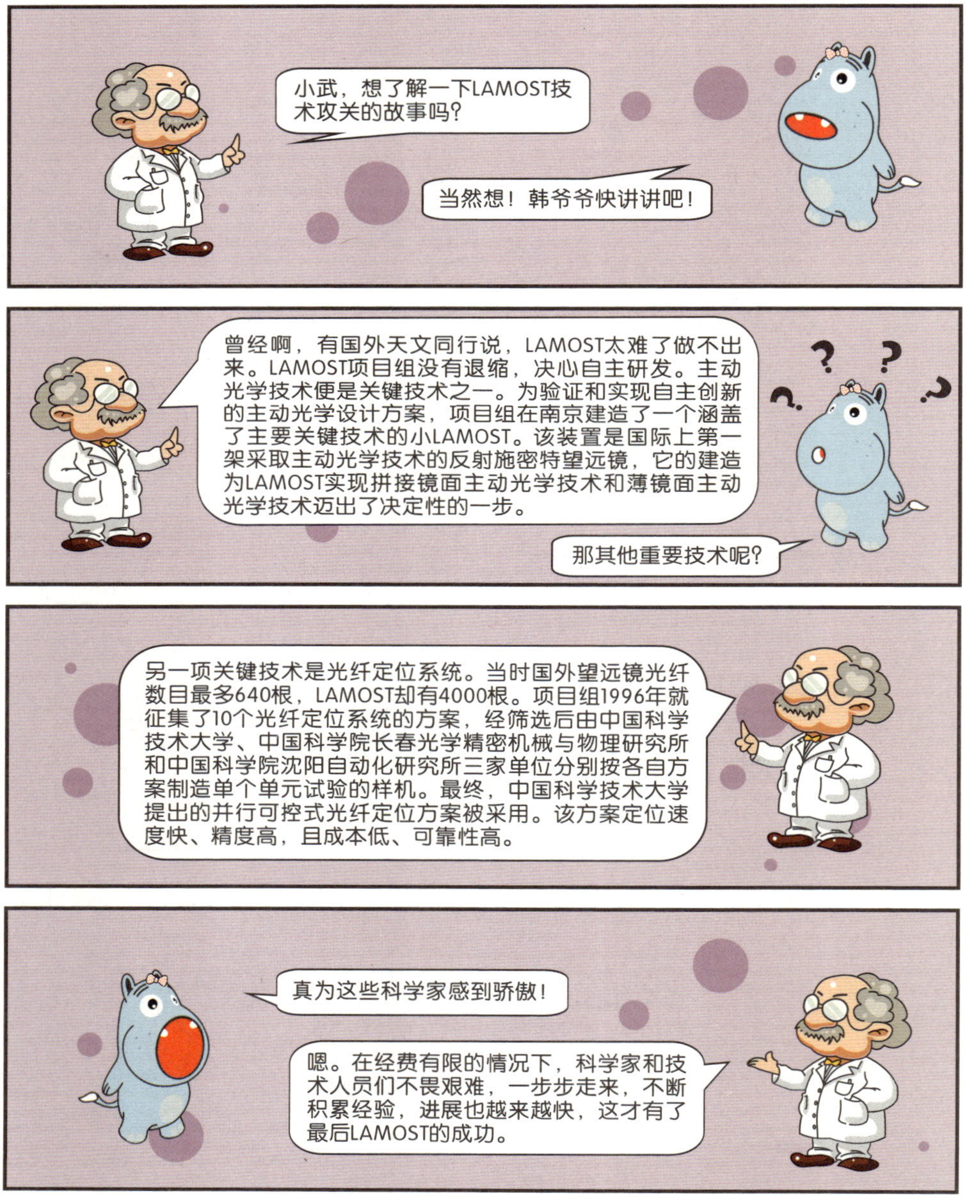

13 克服困难，跨越阻力

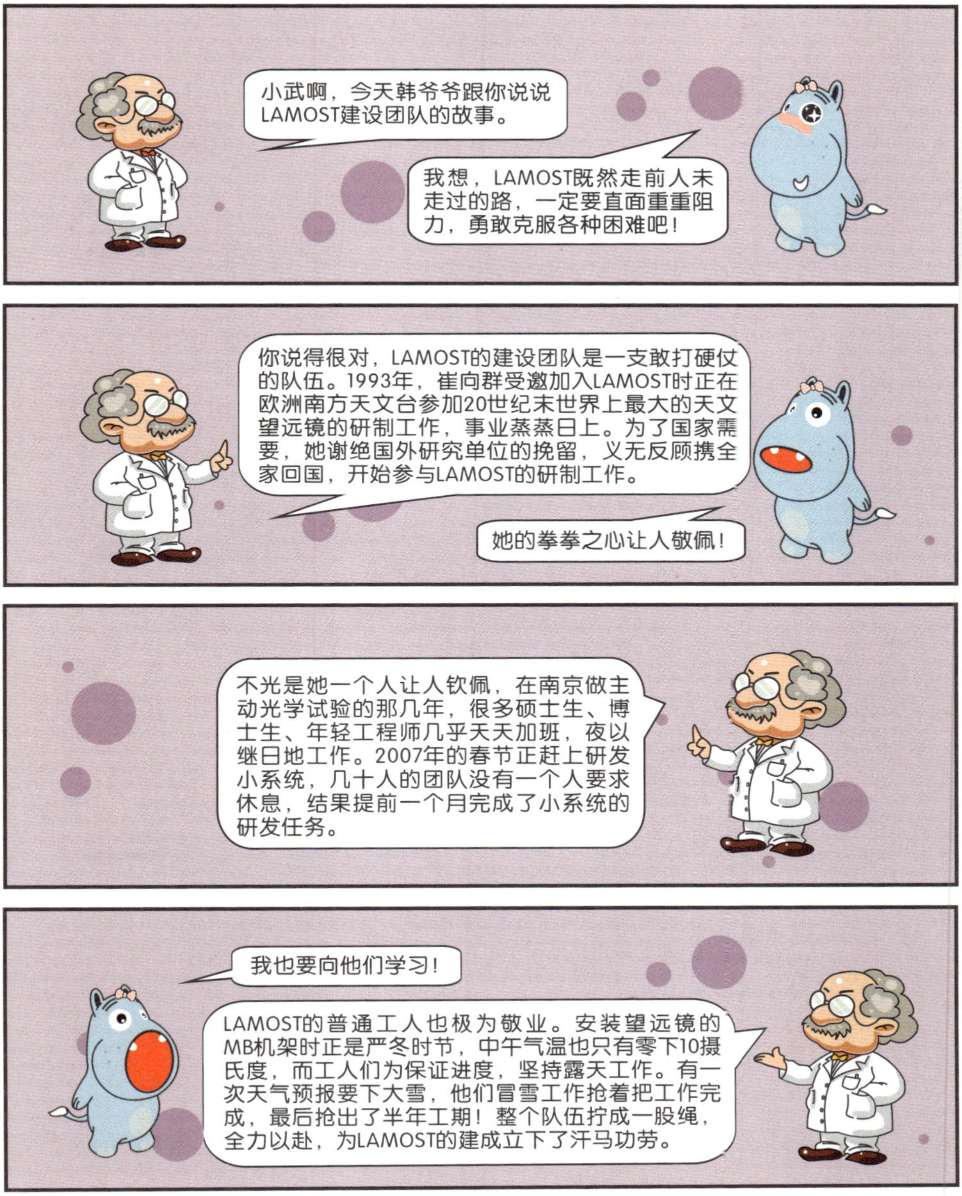
小武啊，今天韩爷爷跟你说说LAMOST建设团队的故事。
我想，LAMOST既然走前人未走过的路，一定要直面重重阻力，勇敢克服各种困难吧！
你说得很对，LAMOST的建设团队是一支敢打硬仗的队伍。1993年，崔向群受邀加入LAMOST时正在欧洲南方天文台参加20世纪末世界上最大的天文望远镜的研制工作，事业蒸蒸日上。为了国家需要，她谢绝国外研究单位的挽留，义无反顾携全家回国，开始参与LAMOST的研制工作。
她的拳拳之心让人敬佩！
不光是她一个人让人钦佩，在南京做主动光学试验的那几年，很多硕士生、博士生、年轻工程师几乎天天加班，夜以继日地工作。2007年的春节正赶上研发小系统，几十人的团队没有一个人要求休息，结果提前一个月完成了小系统的研发任务。
我也要向他们学习！
LAMOST的普通工人也极为敬业。安装望远镜的MB机架时正是严冬时节，中午气温也只有零下10摄氏度，而工人们为保证进度，坚持露天工作。有一次天气预报要下大雪，他们冒雪工作抢着把工作完成，最后抢出了半年工期！整个队伍拧成一股绳，全力以赴，为LAMOST的建成立下了汗马功劳。

14 寻找观测天区

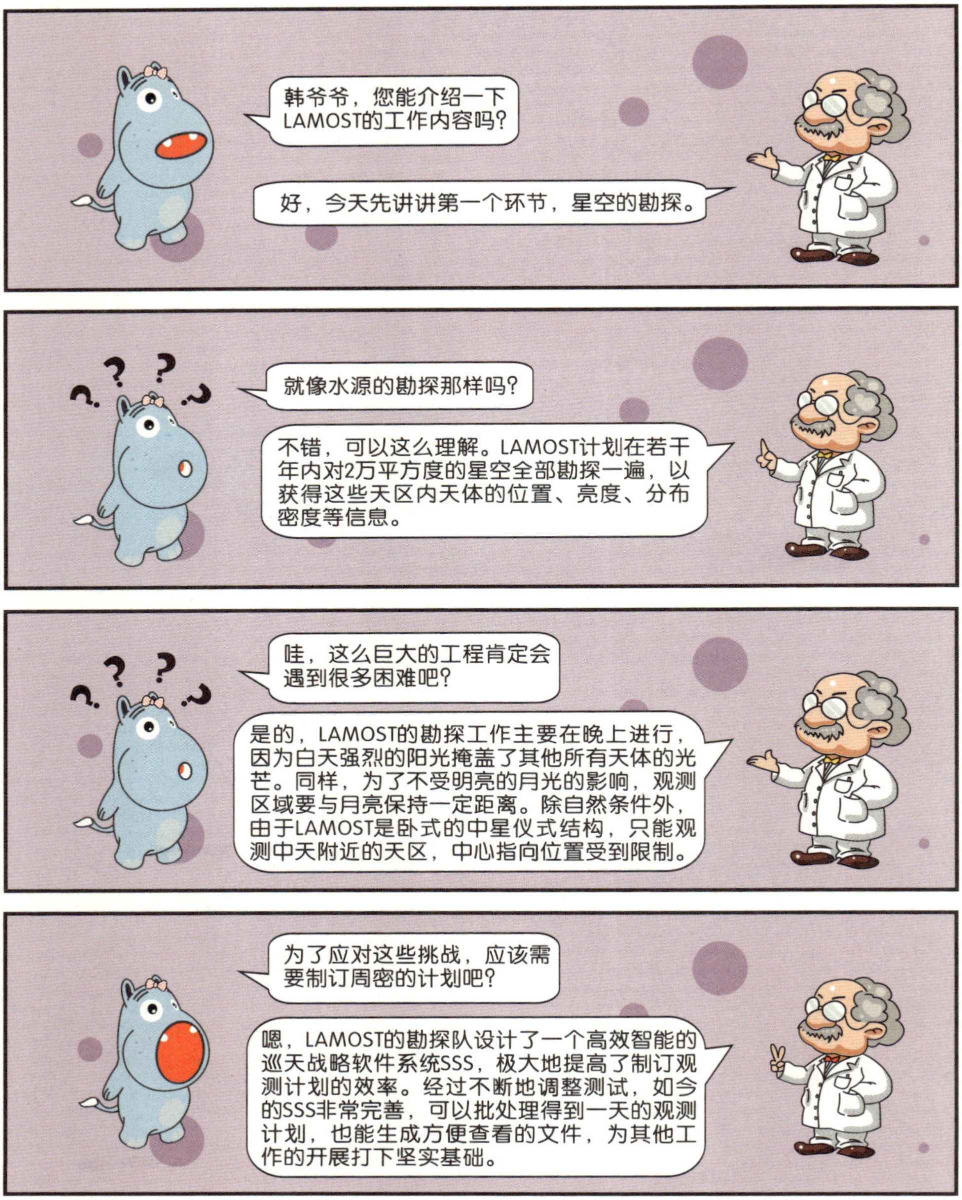
韩爷爷，您能介绍一下LAMOST的工作内容吗？
好，今天先讲讲第一个环节，星空的勘探。
就像水源的勘探那样吗？
不错，可以这么理解。LAMOST计划在若干年内对2万平方度的星空全部勘探一遍，以获得这些天区内天体的位置、亮度、分布密度等信息。
哇，这么巨大的工程肯定会遇到很多困难吧？
是的，LAMOST的勘探工作主要在晚上进行，因为白天强烈的阳光掩盖了其他所有天体的光芒。同样，为了不受明亮的月光的影响，观测区域要与月亮保持一定距离。除自然条件外，由于LAMOST是卧式的中星仪式结构，只能观测中天附近的天区，中心指向位置受到限制。
为了应对这些挑战，应该需要制订周密的计划吧？
嗯，LAMOST的勘探队设计了一个高效智能的巡天战略软件系统SSS，极大地提高了制订观测计划的效率。经过不断地调整测试，如今的SSS非常完善，可以批处理得到一天的观测计划，也能生成方便查看的文件，为其他工作的开展打下坚实基础。

15 夜间工作

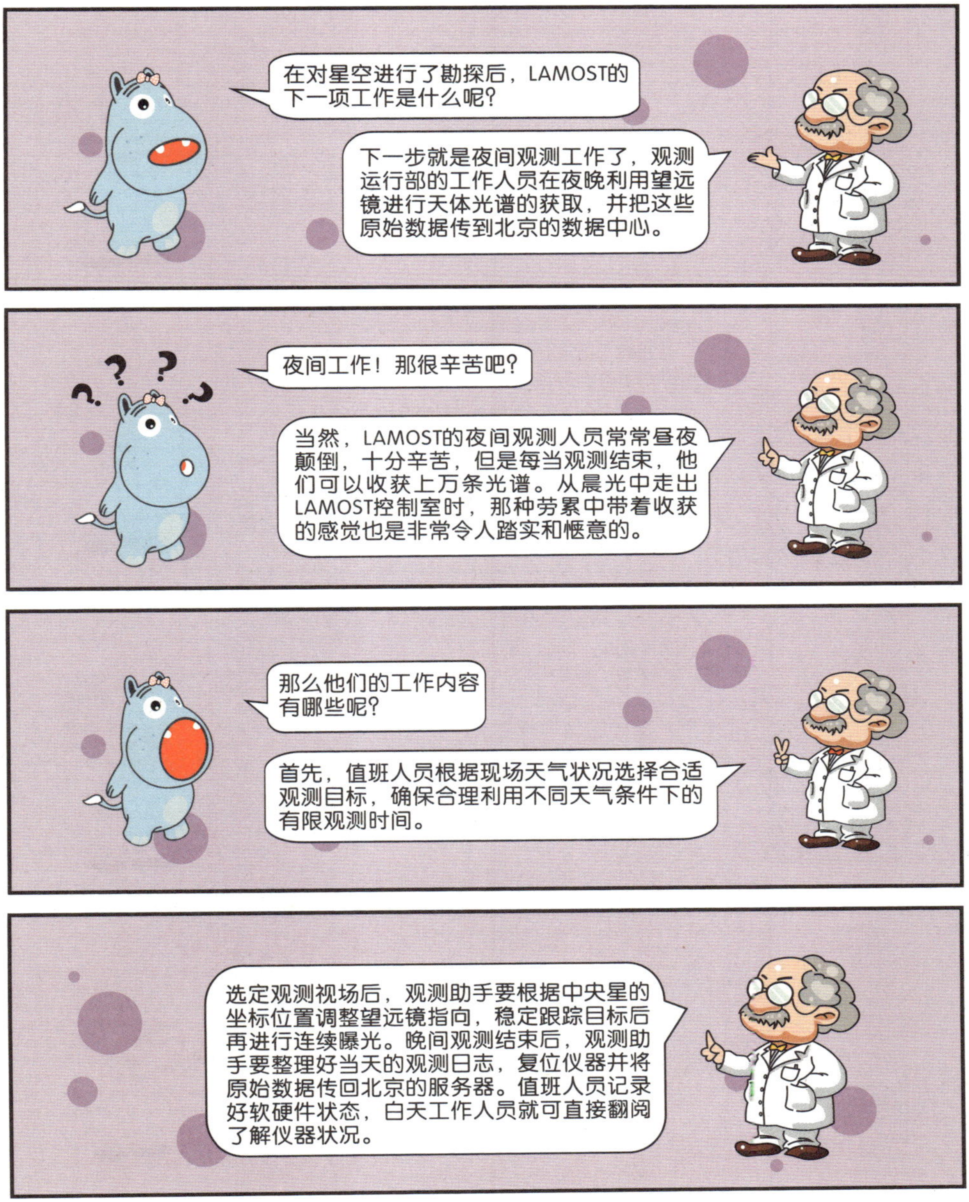
在对星空进行了勘探后，LAMOST的下一项工作是什么呢？
下一步就是夜间观测工作了，观测运行部的工作人员在夜晚利用望远镜进行天体光谱的获取，并把这些原始数据传到北京的数据中心。
夜间工作！那很辛苦吧？
当然，LAMOST的夜间观测人员常常昼夜颠倒，十分辛苦，但是每当观测结束，他们可以收获上万条光谱。从晨光中走出LAMOST控制室时，那种劳累中带着收获的感觉也是非常令人踏实和惬意的。
那么他们的工作内容有哪些呢？
首先，值班人员根据现场天气状况选择合适观测目标，确保合理利用不同天气条件下的有限观测时间。
选定观测视场后，观测助手要根据中央星的坐标位置调整望远镜指向，稳定跟踪目标后再进行连续曝光。晚间观测结束后，观测助手要整理好当天的观测日志，复位仪器并将原始数据传回北京的服务器。值班人员记录好软硬件状态，白天工作人员就可直接翻阅了解仪器状况。

16 图像分析

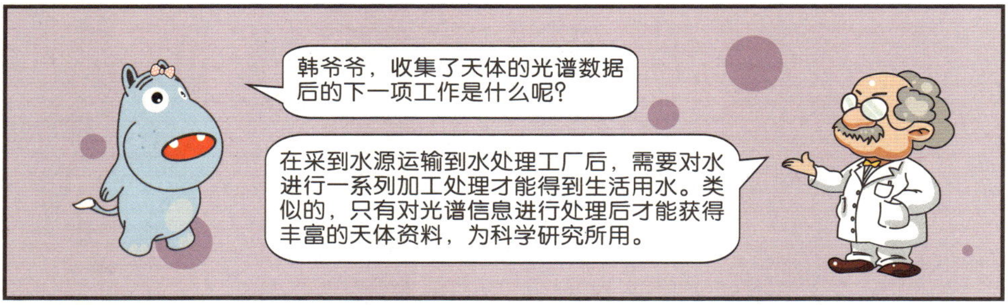
韩爷爷，收集了天体的光谱数据后的下一项工作是什么呢？
在采到水源运输到水处理工厂后，需要对水进行一系列加工处理才能得到生活用水。类似的，只有对光谱信息进行处理后才能获得丰富的天体资料，为科学研究所用。

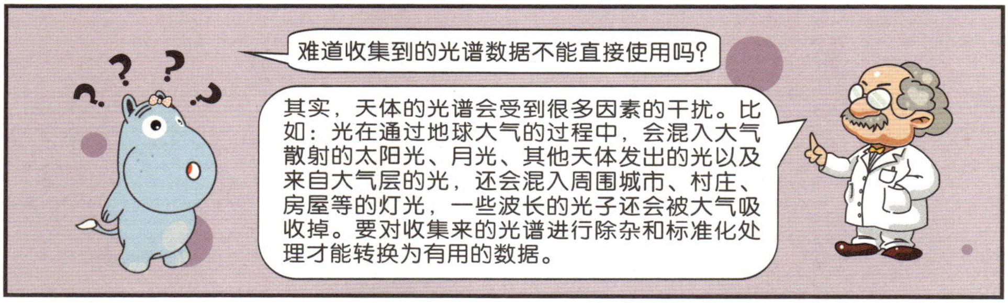
难道收集到的光谱数据不能直接使用吗？
其实，天体的光谱会受到很多因素的干扰。比如：光在通过地球大气的过程中，会混入大气散射的太阳光、月光、其他天体发出的光以及来自大气层的光，还会混入周围城市、村庄、房屋等的灯光，一些波长的光子还会被大气吸收掉。要对收集来的光谱进行除杂和标准化处理才能转换为有用的数据。

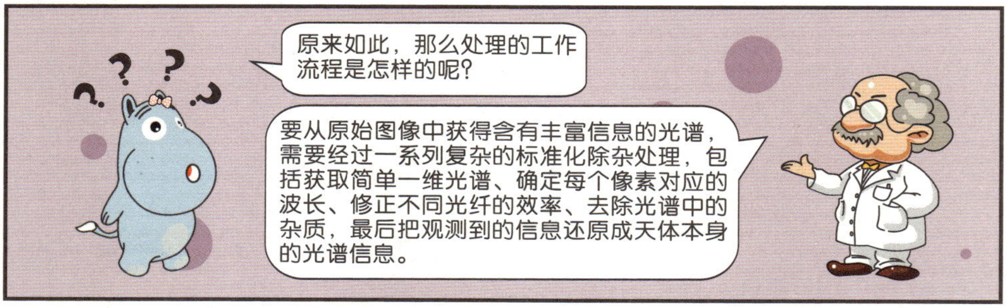
原来如此，那么处理的工作流程是怎样的呢？
要从原始图像中获得含有丰富信息的光谱，需要经过一系列复杂的标准化除杂处理，包括获取简单一维光谱、确定每个像素对应的波长、修正不同光纤的效率、去除光谱中的杂质，最后把观测到的信息还原成天体本身的光谱信息。

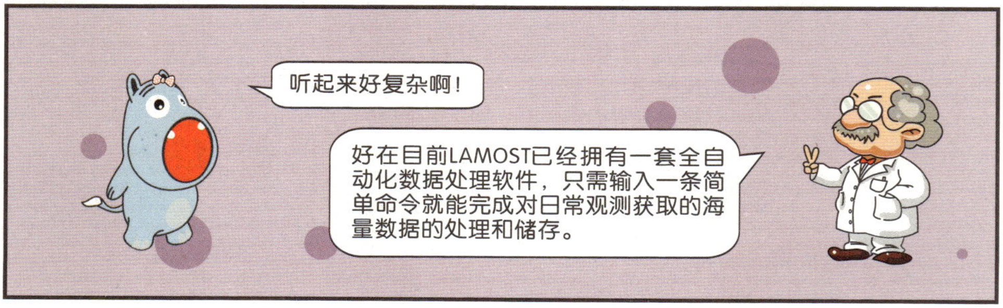
听起来好复杂啊！
好在目前LAMOST已经拥有一套全自动化数据处理软件，只需输入一条简单命令就能完成对日常观测获取的海量数据的处理和储存。

17 望远镜维护

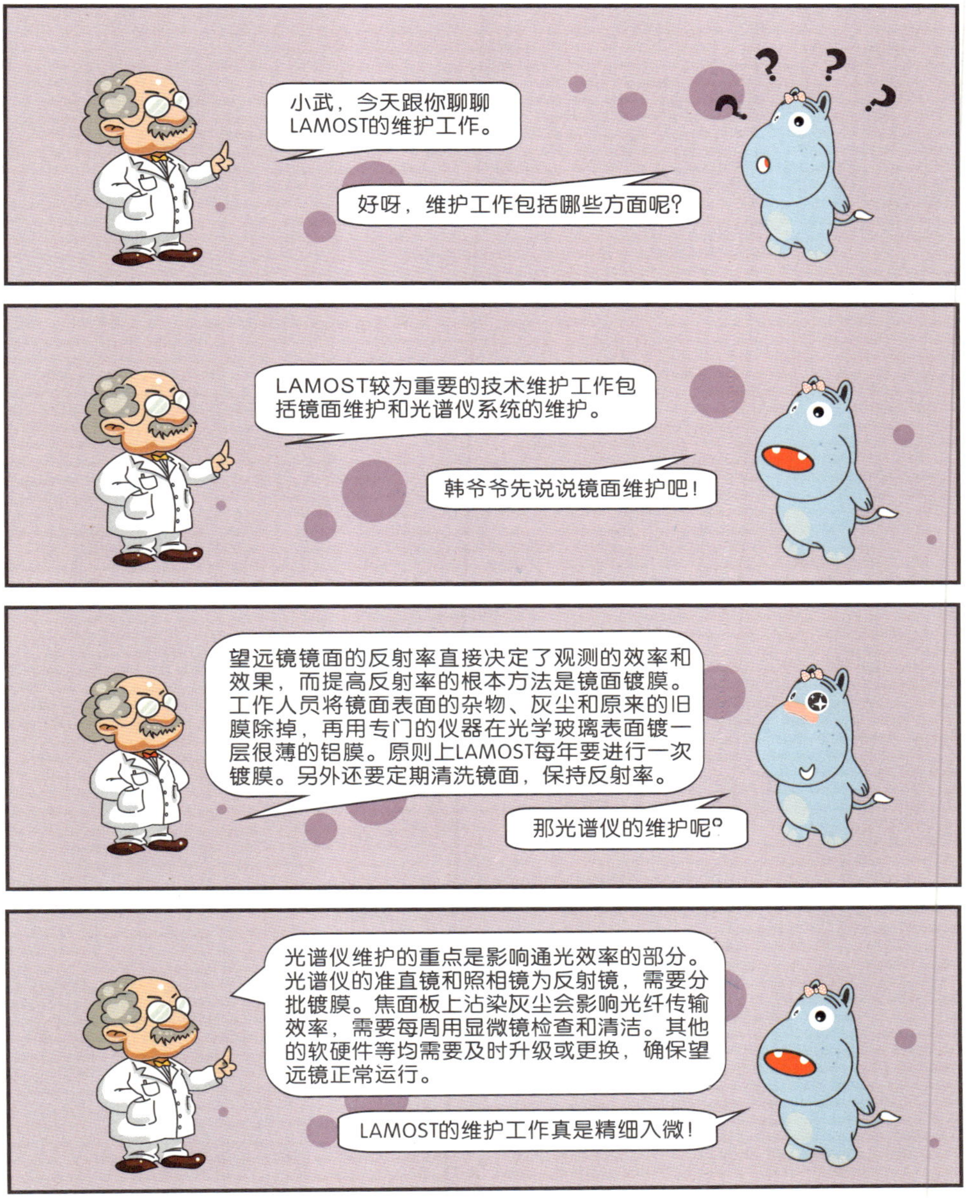
小武，今天跟你聊聊LAMOST的维护工作。
好呀，维护工作包括哪些方面呢？
LAMOST较为重要的技术维护工作包括镜面维护和光谱仪系统的维护。
韩爷爷先说说镜面维护吧！
望远镜镜面的反射率直接决定了观测的效率和效果，而提高反射率的根本方法是镜面镀膜。工作人员将镜面表面的杂物、灰尘和原来的旧膜除掉，再用专门的仪器在光学玻璃表面镀一层很薄的铝膜。原则上LAMOST每年要进行一次镀膜。另外还要定期清洗镜面，保持反射率。
那光谱仪的维护呢？
光谱仪维护的重点是影响通光效率的部分。光谱仪的准直镜和照相镜为反射镜，需要分批镀膜。焦面板上沾染灰尘会影响光纤传输效率，需要每周用显微镜检查和清洁。其他的软硬件等均需要及时升级或更换，确保望远镜正常运行。
LAMOST的维护工作真是精细入微！

第五章 北京正负电子对撞机

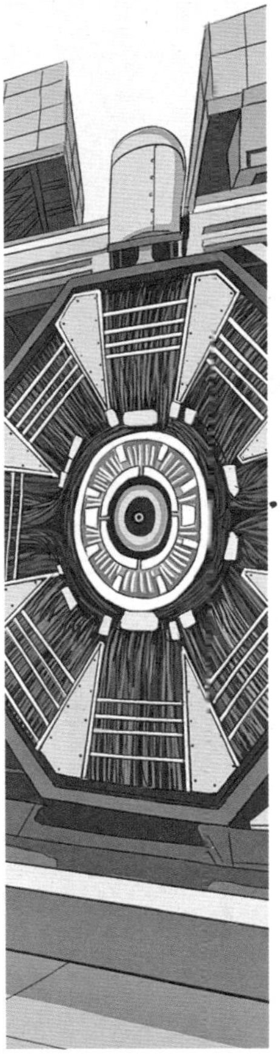

1 微观世界究竟有多小

韩爷爷，您知道世界上最小的东西是什么吗？
18世纪，化学家发现所有物质是由化学元素组成的，他们认为不可分割的原子是组成物质的最小单元。1897年，剑桥大学卡文迪什实验室主任汤姆孙发现了阴极射线粒子，即所谓的“电子”，他指出了电子是一切原子的组成部分，打破了原子不可再分的观念。
那电子就是世界上最小的物质吗？
不是，1964年，美国物理学家默里·盖尔曼发现了一种更深层次的粒子，他将这个更深层次的粒子称为夸克，后来实验物理学家也通过实验证实了夸克的存在。
后来，科学家发现了越来越多的基本粒子。到20世纪80年代初，一个可以用来描述全部观测到的基本粒子的框架出现了，即基本电子的标准模型，它提出：我们周围的物质是由基本粒子组成的，它们是物质的基本组成单元，是目前科学家看到的最小的粒子，电子和夸克也是其中的一部分。
哇！好神奇啊！那以后科学家会发现比基本粒子更小的物质吗？
小武，微观世界这么小，迄今为止，科学家尚未看到它的尽头。说不定在未来的某一天，科学家也能够发现比基本粒子更小的物质。

2 发现微小粒子的方法

韩爷爷，科学家们是怎么发现这些微小的粒子的呢？
目前科学家主要采用的就是卢瑟福在α粒子散射实验中所采用的方法，即以高速运动的粒子为探针，撞击被测物体，通过测量撞击后射出的粒子的分布等特性，推算被测物体的性质。
您说的有点抽象，我不太明白，您能举个例子吗？
要想搞清一个物体的结构，就一定得想办法进入它的内部或者把它击散，看看它是由什么组成的。在微观领域做这种实验就好比用“炮弹”去轰击目标，所研究对象的尺度越小，击碎它所需“炮弹”的能量就越大。
过去，科学家只能利用天然放射源产生的射线粒子作为“炮弹”来进行实验，虽然简单方便，但是“炮弹”的能量不高且束流强度低，能够产生核反应的概率太小了，很难进行精确定量的实验。
那现在是用什么“炮弹”来轰击目标呢？
到了20世纪30年代，“粒子加速器”出现了，随后又发展出包括直线加速器、回旋加速器、倍压加速器和静电加速器等多种加速器，这些加速器能够提高粒子的速度，从而获得更大的能量。
哦，原来现在已经有这么厉害的工具了啊！

3 正负电子对撞机产生

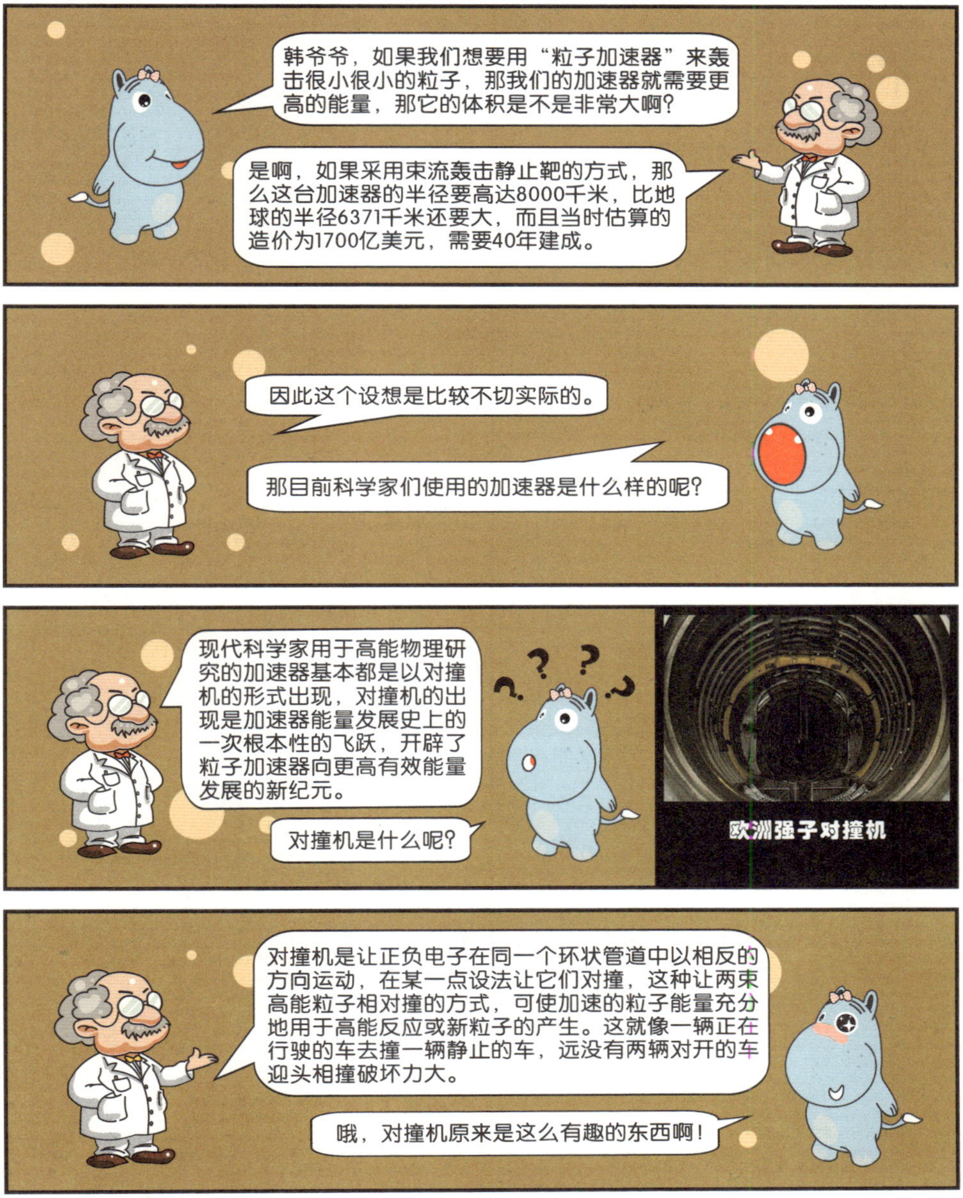
韩爷爷，如果我们想要用“粒子加速器”来轰击很小很小的粒子，那我们的加速器就需要更高的能量，那它的体积是不是非常大啊？
是啊，如果采用束流轰击静止靶的方式，那么这台加速器的半径要高达8000千米，比地球的半径6371千米还要大，而且当时估算的造价为1700亿美元，需要40年建成。
因此这个设想是比较不切实际的。
那目前科学家们使用的加速器是什么样的呢？
现代科学家用于高能物理研究的加速器基本都是以对撞机的形式出现，对撞机的出现是加速器能量发展史上的一次根本性的飞跃，开辟了粒子加速器向更高有效能量发展的新纪元。
对撞机是什么呢？
欧洲强子对撞机
对撞机是让正负电子在同一个环状管道中以相反的方向运动，在某一点设法让它们对撞，这种让两束高能粒子相对撞的方式，可使加速的粒子能量充分地用于高能反应或新粒子的产生。这就像一辆正在行驶的车去撞一辆静止的车，远没有两辆对开的车迎头相撞破坏力大。
哦，对撞机原来是这么有趣的东西啊！

4 中国高能加速器的坎坷起步

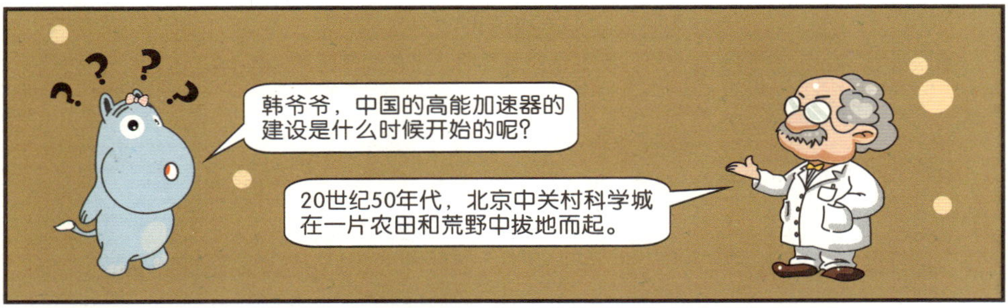

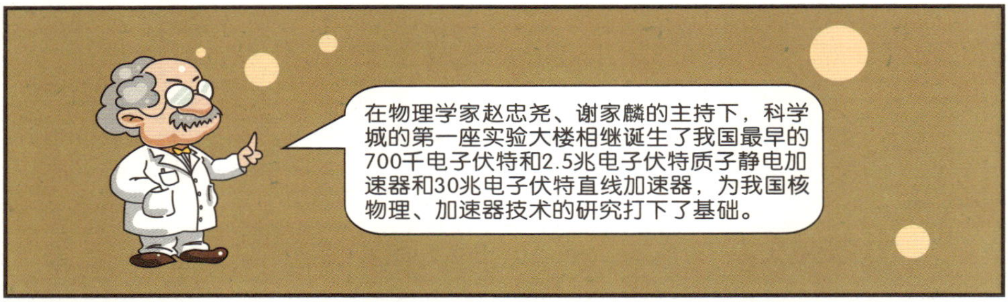

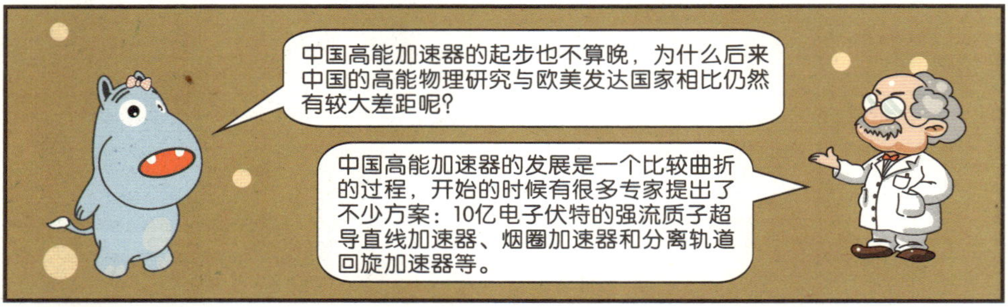

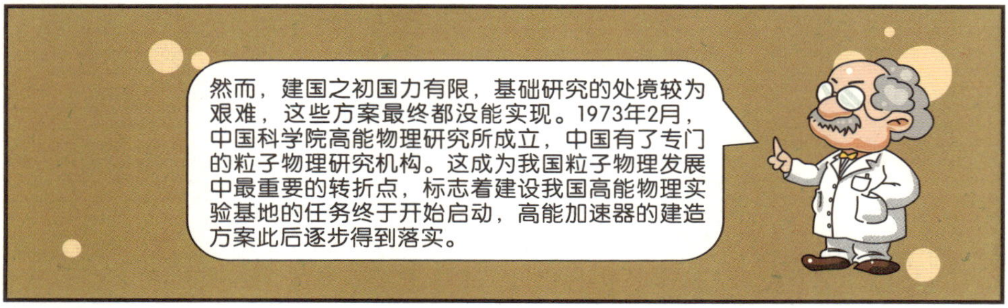

5 北京正负电子对撞机的建成

5 北京谱仪实验崭露头角

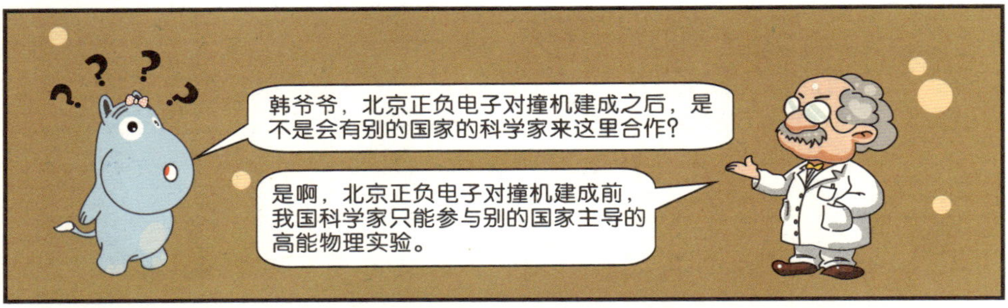

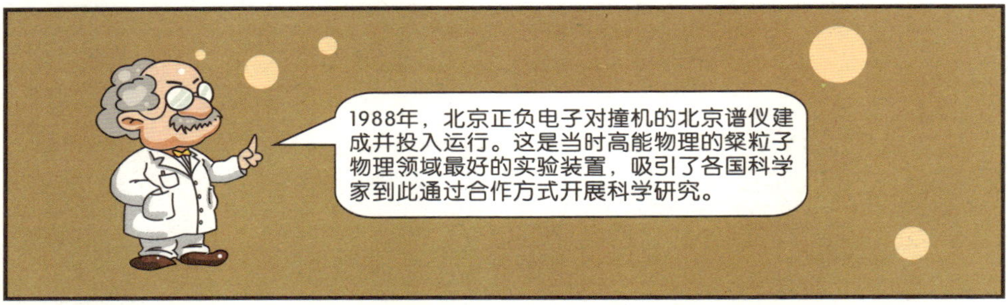

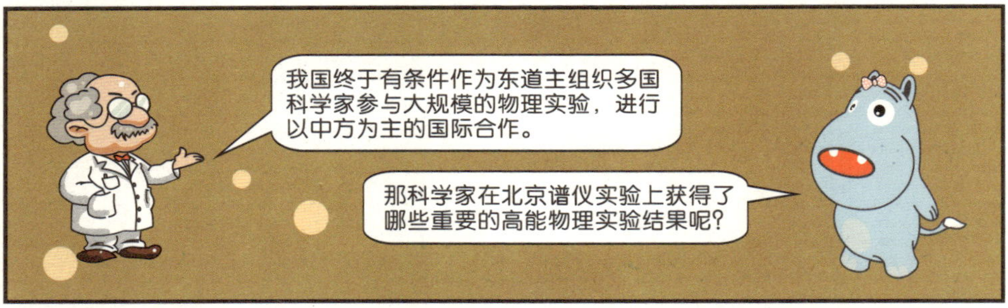

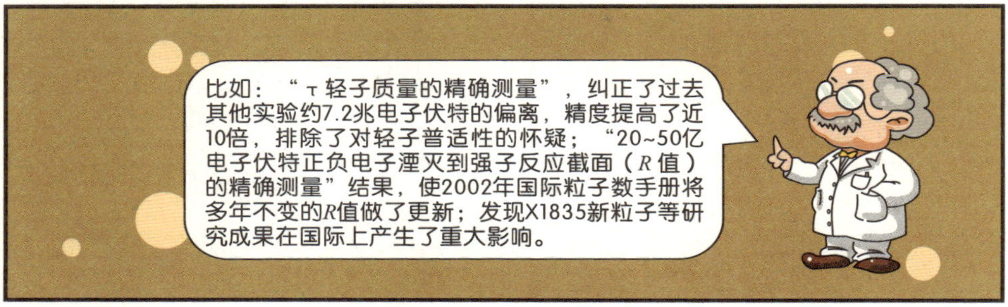

7 北京正负电子对撞机的结构——巨大的羽毛球拍

8 对撞机的安全性问题

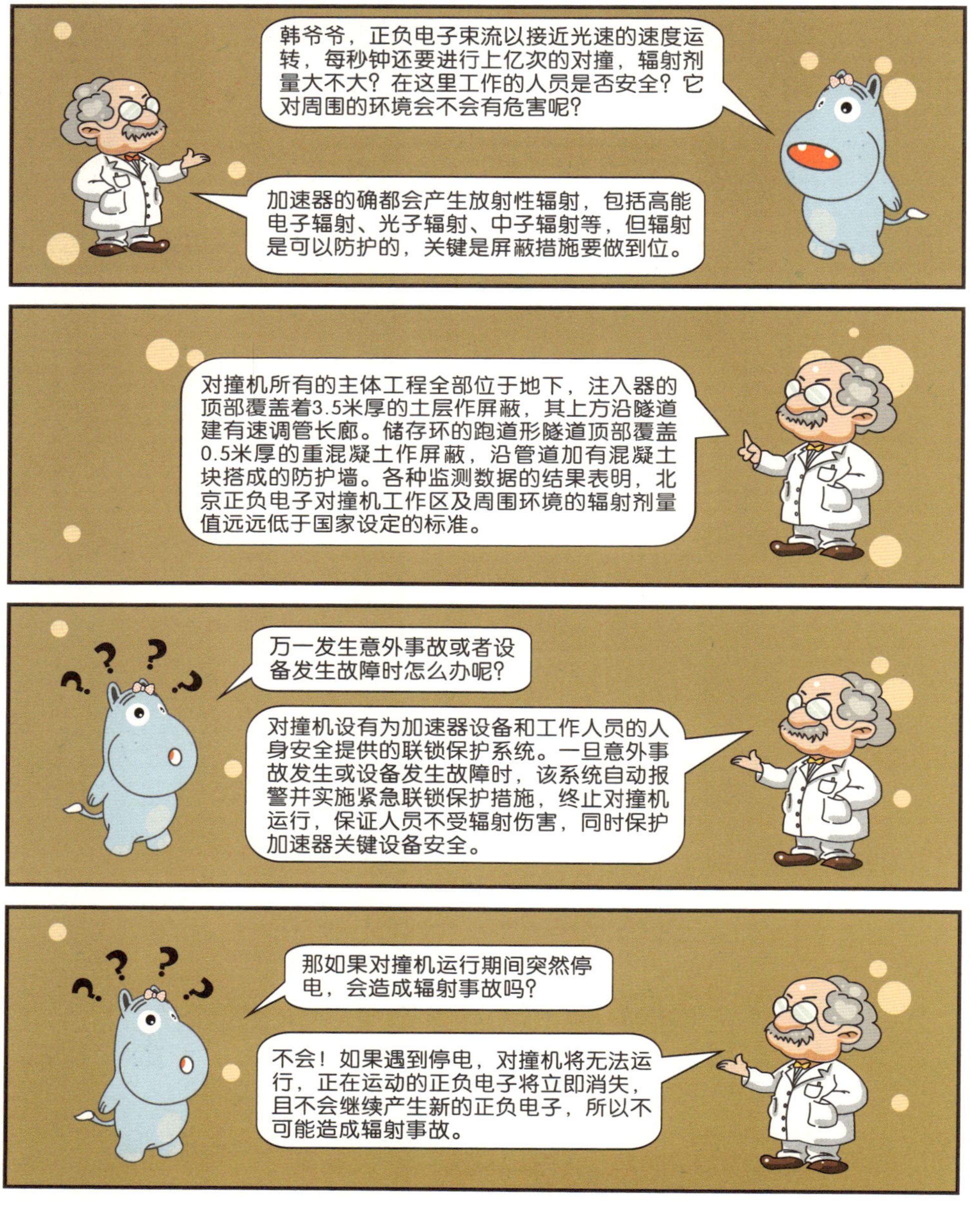

韩爷爷，正负电子束流以接近光速的速度运转，每秒钟还要进行上亿次的对撞，辐射剂量大不大？在这里工作的人员是否安全？它对周围的环境会不会有危害呢？
加速器的确都会产生放射性辐射，包括高能电子辐射、光子辐射、中子辐射等，但辐射是可以防护的，关键是屏蔽措施要做到位。
对撞机所有的主体工程全部位于地下，注入器的顶部覆盖着3.5米厚的土层作屏蔽，其上方沿隧道建有速调管长廊。储存环的跑道形隧道顶部覆盖0.5米厚的重混凝土作屏蔽，沿管道加有混凝土块搭成的防护墙。各种监测数据的结果表明，北京正负电子对撞机工作区及周围环境的辐射剂量值远远低于国家设定的标准。
万一发生意外事故或者设备发生故障时怎么办呢？
对撞机设有为加速器设备和工作人员的人身安全提供的联锁保护系统。一旦意外事故发生或设备发生故障时，该系统自动报警并实施紧急联锁保护措施，终止对撞机运行，保证人员不受辐射伤害，同时保护加速器关键设备安全。
那如果对撞机运行期间突然停电，会造成辐射事故吗？
不会！如果遇到停电，对撞机将无法运行，正在运动的正负电子将立即消失，且不会继续产生新的正负电子，所以不可能造成辐射事故。

9 火眼金睛辨粒子的北京谱仪

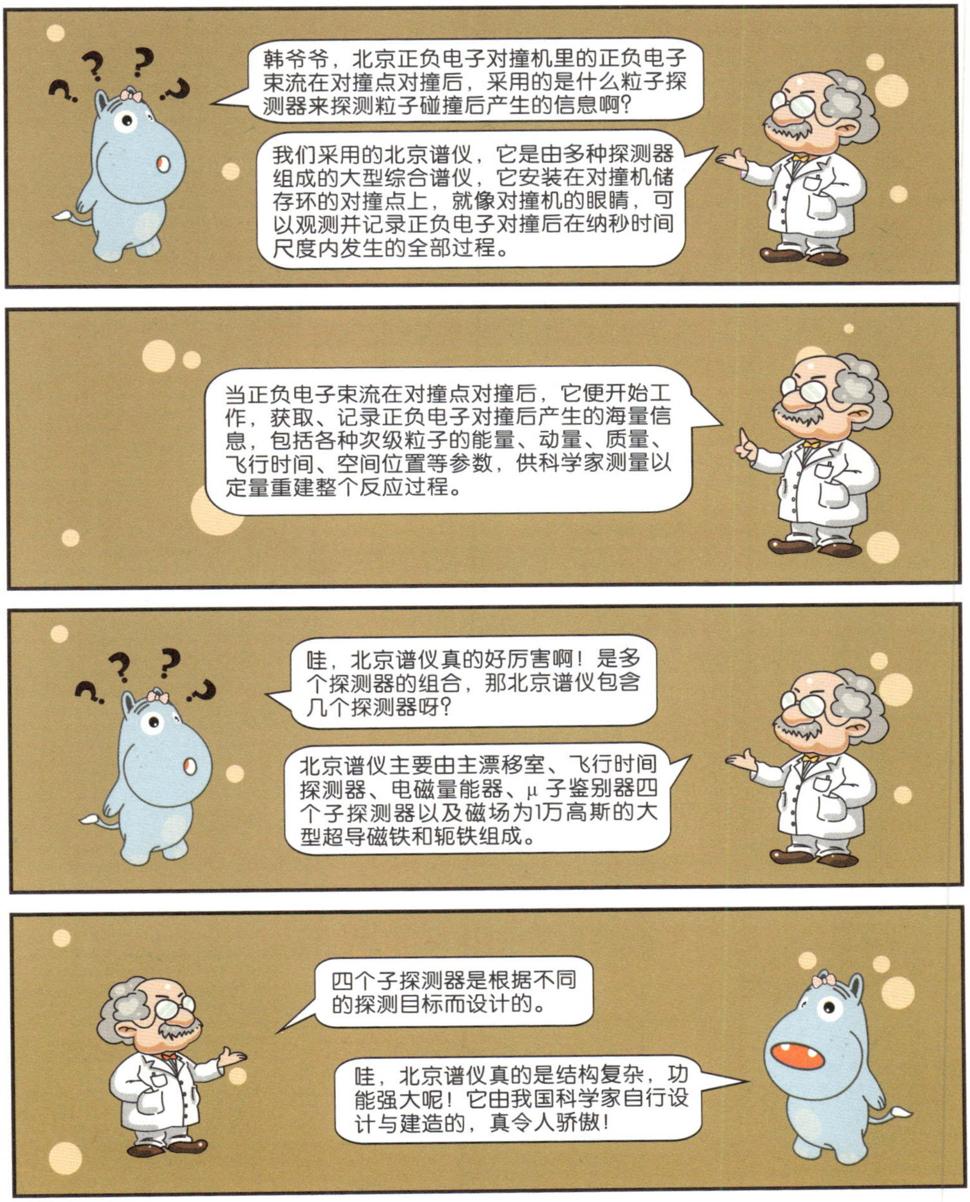

10 北京谱仪的探测目标

11 高速度大容量的计算中心

12 验证轻子普适性大显身手

13 “北京革命”——R 值测量

韩爷爷，我听说 R 值测量被誉为“北京革命”，您能告诉我什么是 R 值测量吗？
R 值测量的实质就是测量正负电子对撞后正负电子湮没产生强子的概率。
湮没是指正电子与负电子在对撞后消失了，可这并不意味着物质的消灭，只意味着物质从一种形态转化为另一种形态，正负电子对撞后转化为其他粒子了。
原来是这样，在北京进行的 R 值测量到底有什么过人之处呢？
北京正负电子对撞机发展和应用了多项创新方法和独特的理论模型，大大降低了测量的系统误差，平均测量精度的误差降低到6.6％，比国际上原有的实验数据精度提高了2~3倍。
这一成果极大地改善了该能区的 R 值测量精度。
哇，北京谱仪真的是非常优秀啊！

14 同步辐射的发现

韩爷爷，您知道同步辐射是什么吗？
同步辐射是速度接近光速的带电粒子在磁场中沿弧形轨道运动时放出的电磁辐射，由于最初是在同步加速器上被观察到的，又被称为“同步加速器辐射”。
同步辐射是怎么被发现的呢？
1947年4月16日，在调试加速器时，一名技工偶然从放置于屏蔽墙外的一面镜子中看见加速器里有强烈的“弧光”。加速器真空度很好，应该不是气体放电。镜子里看到的是小而亮的蓝白色光斑，迎着电流的方向才能观察到。
光的颜色随电子能量的变化而变化。当电子能量降到40兆电子伏特时，光变为黄色；降到30兆电子伏特时，光变为红色，而且很弱；低到20兆电子伏特时，就什么也看不见了。这就是之前理论预言的高速运动的电子在磁场里的辐射。
那同步辐射到底具有什么好处呢？
长期以来，同步辐射是不受高能物理学家欢迎的东西，因为它消耗了加速器的能量，阻碍粒子能量的提高。但是，人们很快便了解到同步辐射是具有从远红外线到X射线范围内的连续光谱、高强度、高度准直、高度极化、特性可精确控制等优异性能的脉冲光源，可以用以开展其他光源无法实现的许多前沿科学技术研究。

15 高压力下的奇妙世界

16 蜈蚣草的奥秘

韩爷爷，您知道蜈蚣草是干什么用的吗？
蜈蚣草是一种具有砷超富集能力的植物，可以用于修复土地污染。通过种植蜈蚣草，利用其根系对砷具有超富集的能力，将砷吸收并转运至地上，从而将其从土壤中去除，植物修复是一种操作简单、低成本、绿色的修复技术。
那砷元素在蜈蚣草的体内是怎么分布的呢？
北京同步辐射光源开发出了一种用于活体植物样品的微束荧光分析技术。
用此技术分析砷元素在蜈蚣草体内的分布发现，在根部、叶柄和主叶脉中，砷集中分布在中心的维管束，表明根部、叶柄都主要承担转运砷的任务，而叶肉是砷的主要储存部位。
哇，原来砷在蜈蚣草体内是这样分布的啊！
蜈蚣草
是的。这样的研究揭示了蜈蚣草对砷的富集机制：蜈蚣草在根部将高价态的砷还原成低价态的砷，并以离子态砷的形式迅速向地上部转运。这是超富集植物区别于非超富集植物的一个重要特征。

17 神奇而不神秘的超导技术

18 发现恶性肿瘤的“神探”

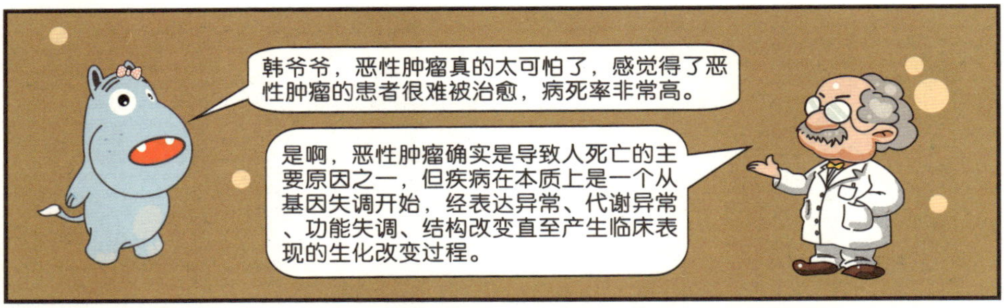

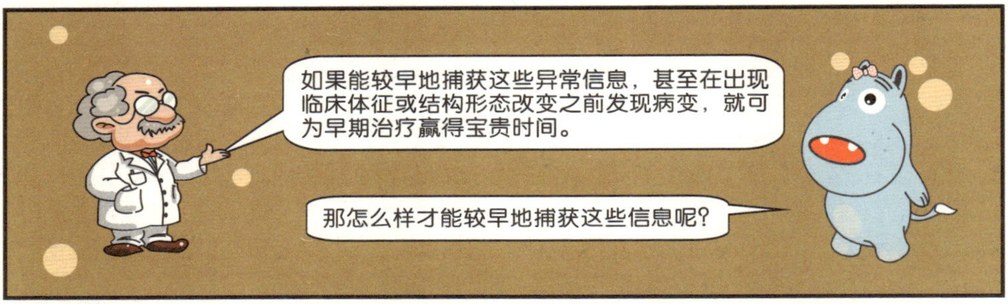

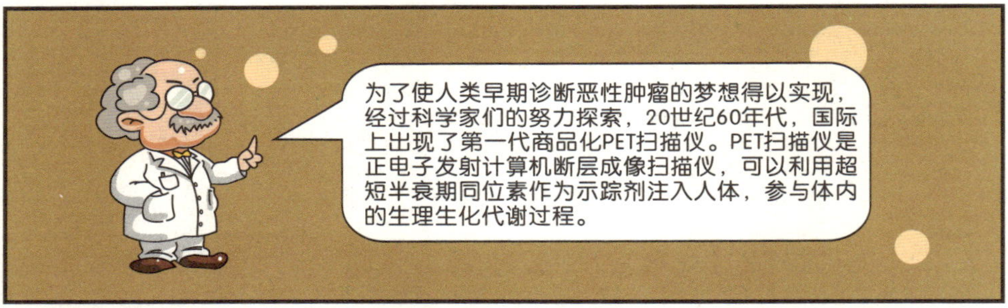

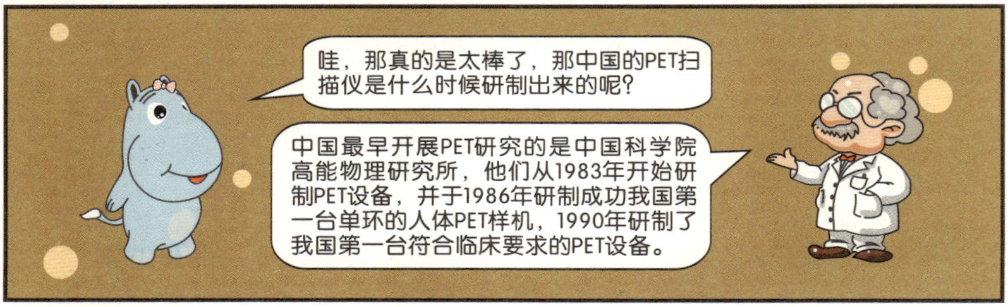

19 助力食品安全的利器

20 用“透视眼”还原历史真相

21 让“隐形杀手”无处遁形

第六章

『科学』号海洋综合考察船

科 学
KE XUE

1 海和洋

韩爷爷，大海好美呀！
是啊，你知道吗，地球还被称为“水球”呢！地球上海洋总面积约3.6亿平方千米，约占地球表面积的71%，所以有“三分陆地，七分海洋”的说法。
我还知道“四大洋”呢！太平洋、大西洋、印度洋、北冰洋——咦，为什么叫四大洋而不是四大海呢？
其实“海”和“洋”是不一样的呢。海是海洋靠近大陆的边缘部分以及被陆地封闭面积较大的咸水水域，总体而言，其水比较浅，面积也比较小，分为边缘海、陆内海、陆间海三种类型。
边缘海就是海洋的边缘部分，与大陆接临，通常由一群海岛把它与大洋分开，像我国的东海就是边缘海。陆内海就是位于大陆内部的海，而陆间海是位于几个大陆之间的海。
那洋是不是就是海洋的中心部分，水深、面积又大呢？
小武真聪明！大洋的水深一般都在3000米以上，最深的甚至有10000多米呢！洋基本不受陆地影响，它的水温和盐度变化不大，水中的杂质很少，所以水色蔚蓝，透明度高，也是非常美丽的呢！

2 海洋是生命的摇篮

韩爷爷，生命是从陆地开始还是从海洋开始的呢？
生命是从海洋开始的，俗话说得好，水是万物之源嘛！大约在32亿年前，原始海洋出现了细菌和简单藻类的单细胞生物，比如蓝藻。
海洋珊瑚礁

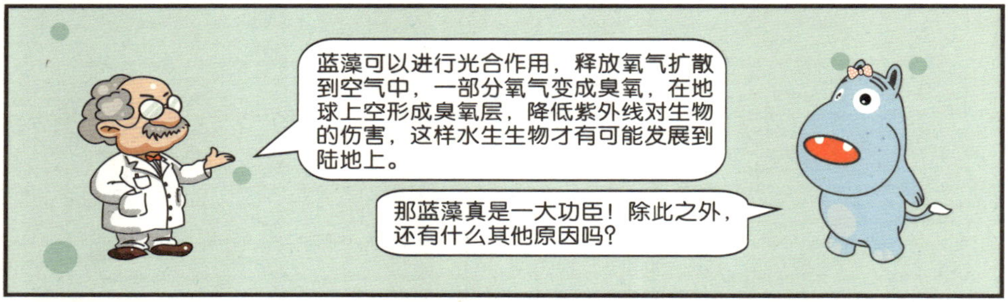
蓝藻可以进行光合作用，释放氧气扩散到空气中，一部分氧气变成臭氧，在地球上空形成臭氧层，降低紫外线对生物的伤害，这样水生生物才有可能发展到陆地上。
那蓝藻真是一大功臣！除此之外，还有什么其他原因吗？

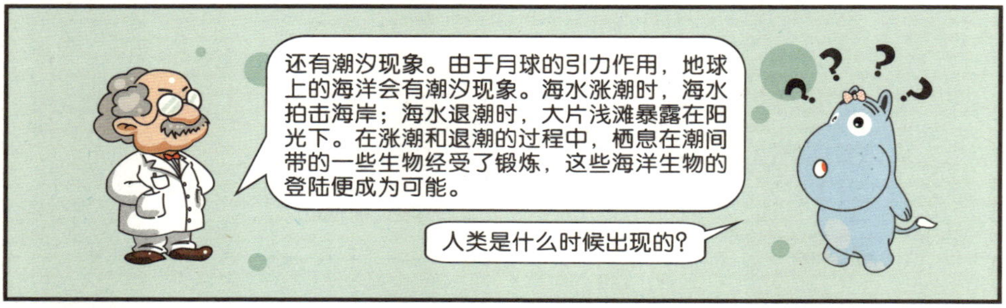
还有潮汐现象。由于月球的引力作用，地球上的海洋会有潮汐现象。海水涨潮时，海水拍击海岸；海水退潮时，大片浅滩暴露在阳光下。在涨潮和退潮的过程中，栖息在潮间带的一些生物经受了锻炼，这些海洋生物的登陆便成为可能。
人类是什么时候出现的？

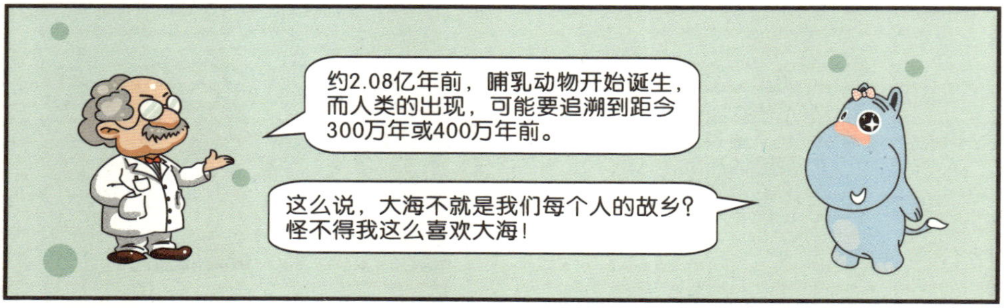
约2.08亿年前，哺乳动物开始诞生，而人类的出现，可能要追溯到距今300万年或400万年前。
这么说，大海不就是我们每个人的故乡？怪不得我这么喜欢大海！

3 黑潮暖流

韩爷爷，我们中国海岸有没有洋流呀？
黑潮暖流是整个东中国海环流的主干，是全球第二大洋流呢！
黑潮暖流是从哪里流到哪里呢？
黑潮暖流是太平洋北赤道洋流遇吕宋岛后的向北分支，它起源于菲律宾群岛的吕宋岛以东海区，流经中国台湾东部岸外，进入东海，经吐噶喇海峡流出，进入日本东部岸外。
黑潮暖流是什么样的洋流？
黑潮暖流具有高温、高盐、杂质少、水色深、流速大的特点，是鱼类洄游的“高速公路”。
它可以改变近海的水团结构，推动沿途的物质输送，改变近海生态要素，从而形成中国近海的生物多样性和生态系统的结构与功能。

4 海洋资源

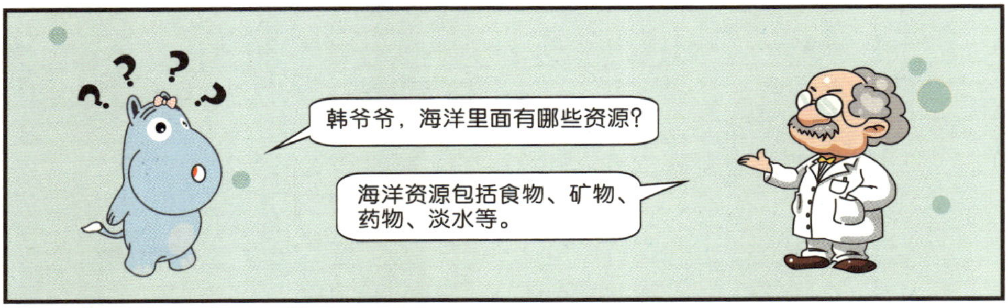
韩爷爷，海洋里面有哪些资源？
海洋资源包括食物、矿物、药物、淡水等。

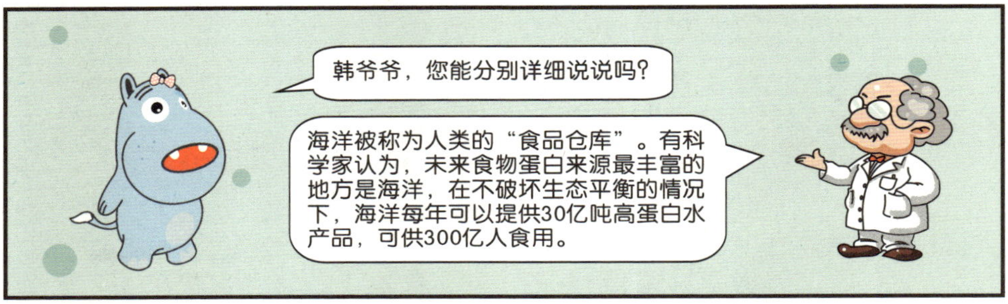
韩爷爷，您能分别详细说说吗？
海洋被称为人类的“食品仓库”。有科学家认为，未来食物蛋白来源最丰富的地方是海洋，在不破坏生态平衡的情况下，海洋每年可以提供30亿吨高蛋白水产品，可供300亿人食用。

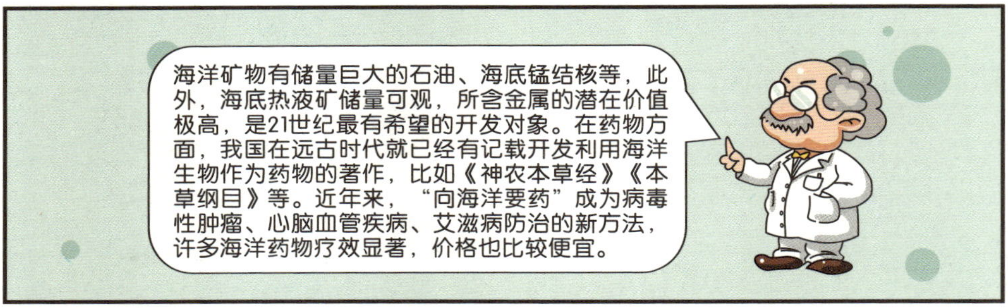
海洋矿物有储量巨大的石油、海底锰结核等，此外，海底热液矿储量可观，所含金属的潜在价值极高，是21世纪最有希望的开发对象。在药物方面，我国在远古时代就已经有记载开发利用海洋生物作为药物的著作，比如《神农本草经》《本草纲目》等。近年来，“向海洋要药”成为病毒性肿瘤、心脑血管疾病、艾滋病防治的新方法，许多海洋药物疗效显著，价格也比较便宜。

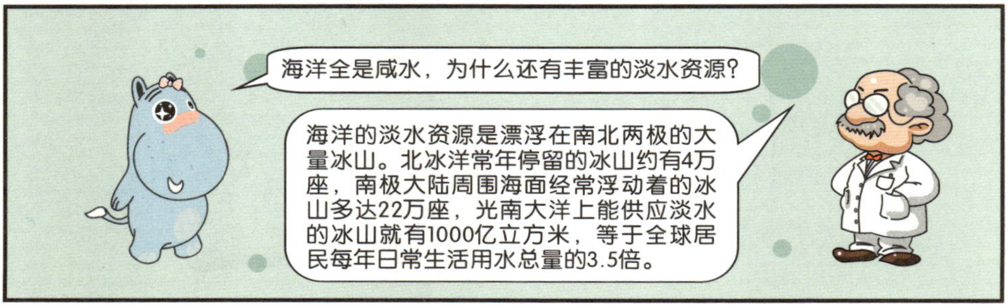
海洋全是咸水，为什么还有丰富的淡水资源？
海洋的淡水资源是漂浮在南北两极的大量冰山。北冰洋常年停留的冰山约有4万座，南极大陆周围海面经常浮动着的冰山多达22万座，光南大洋上能供应淡水的冰山就有1000亿立方米，等于全球居民每年日常生活用水总量的3.5倍。

5 郑和下西洋

韩爷爷，郑和下西洋的“西洋”到底指的是什么地方啊，我怎么在地图上找不到呢？
这里的“西洋”与近代中国人概念中的“西洋”不是一回事，后者是指西方世界，前者却是指以印度洋为主的南亚和西亚地区。
1405~1433年，郑和率众进行了七次远航，他每到一地，都受到当地人的热烈欢迎和友好接待，甚至有许多外国使团跟着他回到中国。他不仅带回了各国人民的友好情谊，还带回了许多各地特产和珍禽异兽，如胡椒、硫黄、象牙、龙脑、宝石以及金钱豹、长颈鹿、狮子、鸵鸟等。
哇！郑和好厉害啊！
是啊。郑和下西洋是中国古代规模最大、船只最多、海员最多、时间最久的海上航行，比欧洲国家航海时间要早好几十年，堪称“大航海时代”的先驱。
郑和的远航展示了中国当时高度发展的航海技术和造船水平，表现了我国古代人民孜孜不倦的求知精神，促进了亚非各国人民的友好往来，为人类历史做出了不可磨灭的贡献。

6 探秘深海

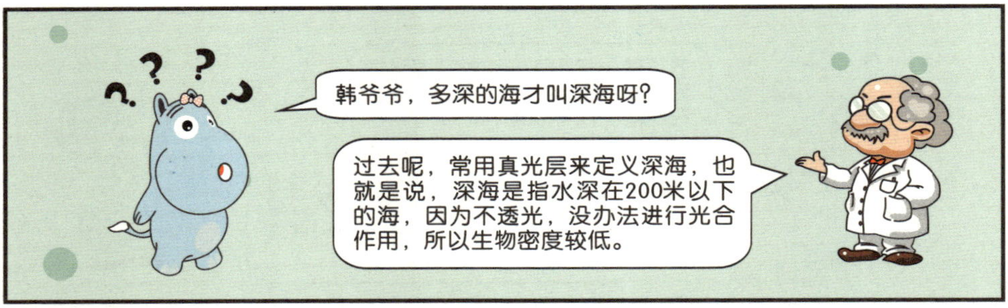

韩爷爷，多深的海才叫深海呀？
过去呢，常用真光层来定义深海，也就是说，深海是指水深在200米以下的海，因为不透光，没办法进行光合作用，所以生物密度较低。

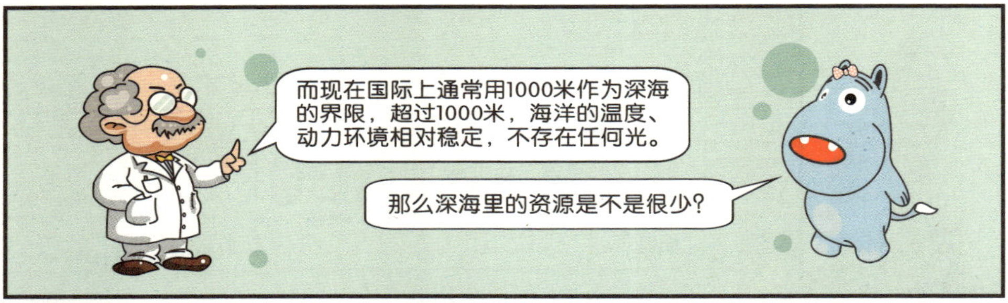

而现在国际上通常用1000米作为深海的界限，超过1000米，海洋的温度、动力环境相对稳定，不存在任何光。
那么深海里的资源是不是很少？

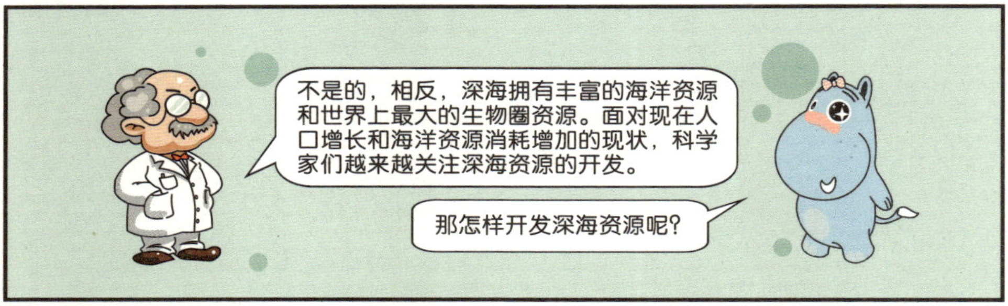

不是的，相反，深海拥有丰富的海洋资源和世界上最大的生物圈资源。面对现在人口增长和海洋资源消耗增加的现状，科学家们越来越关注深海资源的开发。
那怎样开发深海资源呢？

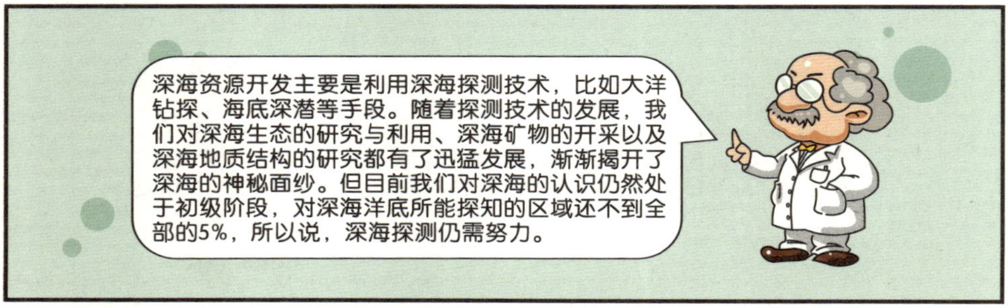

深海资源开发主要是利用深海探测技术，比如大洋钻探、海底深潜等手段。随着探测技术的发展，我们对深海生态的研究与利用、深海矿物的开采以及深海地质结构的研究都有了迅猛发展，渐渐揭开了深海的神秘面纱。但目前我们对深海的认识仍然处于初级阶段，对深海洋底所能探知的区域还不到全部的5%，所以说，深海探测仍需努力。

7 “科学”号科考船

小武，你知不知道“科学”号呀？
这个我知道，“科学”号是我国乃至世界上最先进的科学考察船。韩爷爷，您能给我讲讲更多细节吗？
“科学”号是由我国自主设计和建造的新一代海洋科学综合考察船，正如你所说，是我国目前最先进的海洋综合考察船，也是世界上最先进的海洋科学考察船之一。“科学”号的核定总吨位是4711吨，船长99.80米，型宽17.80米，型深8.90米，续航力15000海里，自持力60天，最大航速15.80节，载员80人。
哇，听起来好酷！
还有更厉害的呢！“科学”号具备自主航行、全球航行以及高精度动力定位的能力，整合了海洋大气、水体、海底、深海极端环境等海洋研究的先进装备和技术，配备了七大船载科学探测与实验系统。
包括水体探测系统、大气探测系统、海底探测系统、深海极端环境探测系统、遥感信息现场印证系统、船载实验系统和船载网络系统。
我将来一定要亲眼看看这艘船，最好能进去实际感受一下，哈哈！

8 船舶的吨位

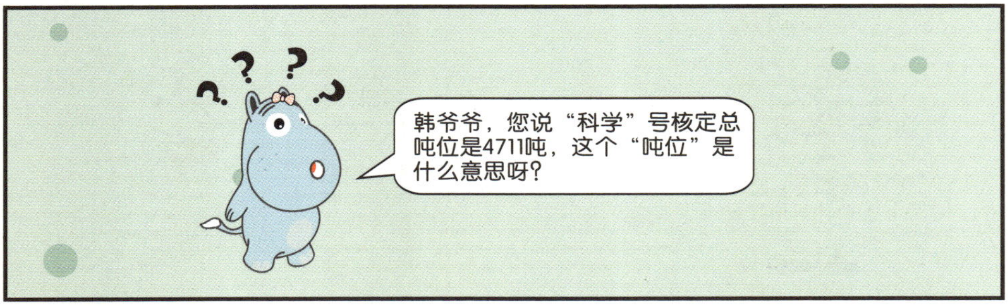
韩爷爷，您说“科学”号核定总吨位是4711吨，这个“吨位”是什么意思呀？

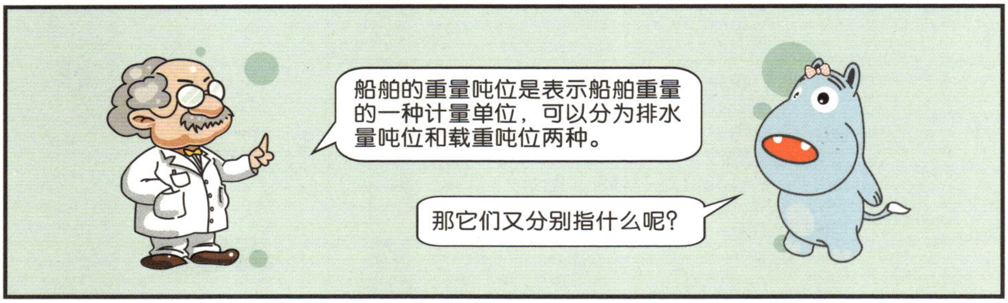
船舶的重量吨位是表示船舶重量的一种计量单位，可以分为排水量吨位和载重吨位两种。
那它们又分别指什么呢？

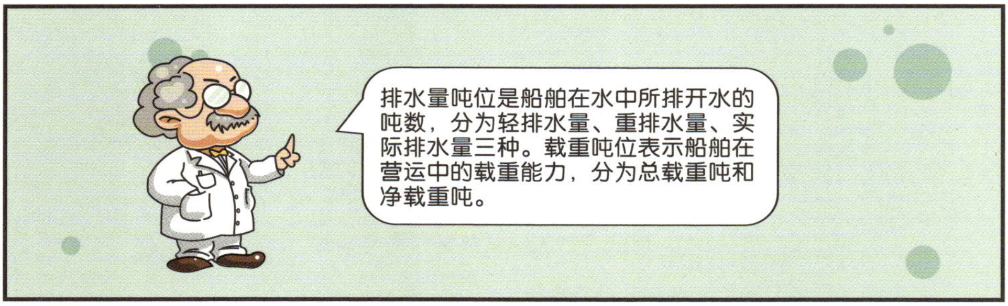
排水量吨位是船舶在水中所排开水的吨数，分为轻排水量、重排水量、实际排水量三种。载重吨位表示船舶在营运中的载重能力，分为总载重吨和净载重吨。

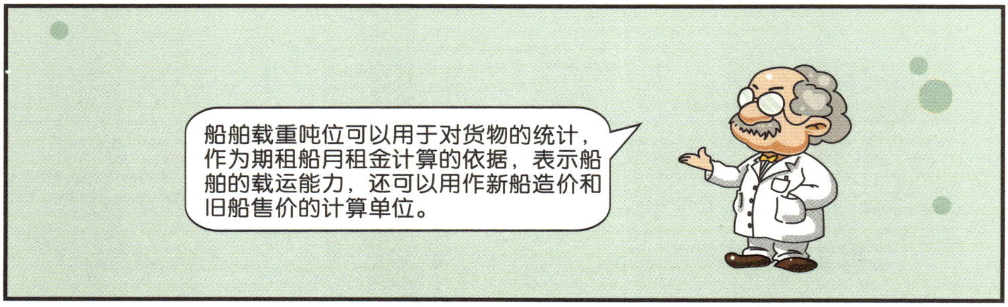
船舶载重吨位可以用于对货物的统计，作为期租船月租金计算的依据，表示船舶的载运能力，还可以用作新船造价和旧船售价的计算单位。

9 船舶的分类

韩爷爷，怎样对船舶进行分类呀？
船舶分类方法很多，可以按照用途、航行状态、船体数目、推进动力、推进器等进行分类。
科考船一般按照什么分类？
一般来说，科考船按长度分为4个等级：全球级（船长大于70米的船舶）、大洋/中间级（船长55~70米的船舶）、区域级（船长40~55米的船舶）、沿海/地方级（船长小于40米的船舶）。
那“科学”号长99.80米，应该属于全球级科考船。

10 系泊设备

韩爷爷，“科学”号的前甲板好宽阔呀！
是啊，“科学”号是国内第一艘把前系泊设备遮蔽起来的科学考察船，它把自己的各种系泊设备都安放在了遮蔽作业甲板上，既保护了系泊设备，也增大了前甲板的空间，更便于作业。
系泊设备指的是什么啊？
系泊设备就是将船系靠于码头、浮筒、船坞或者邻船时使用的设备，主要有缆索、带缆桩、导缆器、系缆卷车和系缆器械。
现代船舶，特别是大型船舶多装有自动系缆机械，可以根据缆索张力变化自动收放缆索，以保证船和码头的安全。
系泊设备一般都是怎么布置的呢？
布置系缆设备应根据船的大小、用途、带缆方式，并与锚设备、起货设备的布置综合考虑，全面规划。根据使用要求，系缆操作总是在船首、船尾和船的两舷进行，所以其设备一般布置在船首、船尾和船的两舷，系缆设备在布置上一般是对称的。

11 动力定位

韩爷爷，海上风浪那么大，如果科考船要工作，不会一直漂来漂去的吗？
这个问题很好。以前船只能靠抛锚或者漂泊来进行作业，但在深海海域，船是无法抛锚的，而在漂泊状态下作业，船舶的漂泊移动范围可达几百米甚至几十千米，完全无法满足探测要求。但现代的动力定位功能完美解决了这个问题。
那什么是动力定位呀？
动力定位是一种可以不用锚系而自动保持海上浮动装置的定位方法。
动力定位系统由船位显示仪、电子计算机控制机构和推进器等部件组成，它先用声呐测定船位，再利用船上的自动控制系统发出指令，控制安装在船首和船尾的侧向推进器来固定船位。
这么厉害啊！
是啊，动力定位法最大的优点就是不受水深限制，适合深水海域使用。有的动力定位系统还可以根据风力变化，提前发出信号来抵消风力的影响。

12 电力推进

韩爷爷，“科学”号是用柴油作动力的吗？
不是哦，“科学”号是一艘由电力推进的船舶。不仅是推进系统，船上所有设备、设施的能源都由电来提供动力和加以控制，形成一个统一的用电系统。
同时，这个用电系统与船舶的发电机进行全智能化连接，可以按需供电。
电力推进是用发电机发电，推动船舶前进的吗？
对。船舶利用发电机提供的电力，通过电机驱动螺旋桨旋转，从而推动船舶前进，这是一个将机械能转化为电能，再将电能转化为机械能的过程。
电力推进与柴油相比，有什么优点呢？
电力推进具有经济性好、噪声低、振动小、船舶的机动性和操作性强、机舱布置灵活、安全性好、环境污染小等优点。在科考船上，电力推进还可以高效分配能源：船舶正常航行时，电力主要分配给推进系统；船舶作业或者低速航行时，大多数电力就可以分配给探测设备。因此，现在越来越多的船舶，特别是考察船和工程船开始采用电力推进。

13 球鼻艏和短宽形船体

14 热带气旋和台风

台风好可怕啊！韩爷爷，您知道台风是怎样形成的吗？
根据世界气象组织的定义，热带气旋中心持续风速为12~13级，也就是每秒风速达到32.7~41.4米时，称为台风或者飓风。
发生在西太平洋和南海海域的称台风，发生在大西洋以及东太平洋的称飓风。
这么说台风是属于热带气旋的一种了，热带气旋又是什么呢？
热带气旋是发生在热带、亚热带地区海洋上的气旋性环流，是地球上最具破坏性的天气系统之一。热带气旋体量巨大，小的气旋环流的直径有300~400千米，大的可达1000~2000千米。
热带气旋里面的物质主要是热带洋面上的空气和水汽，水汽中蕴含的潜热是其能量来源。当热带气旋发展、增强变成台风，有的消散于海洋，有的登上陆地，带来狂风暴雨，海面上会掀起十几甚至二十几米的巨浪，给人们生活和船舶航行带来很大的危险。

15 一人驾驶桥楼

韩爷爷，什么是“一人驾驶桥楼”哇？
简单地说，一人驾驶桥楼就是一个人即可在驾驶台操纵整艘船舶的意思。
一人驾驶桥楼不仅可以减少船员，而且有利于航行安全，因为它能最大限度地排除影响航行安全的人为因素。
有什么人为因素会比较影响航行安全呢？
过去的船舶在操作中存在指令不畅通等安全隐患，船舶操纵指令由驾驶室通过车钟传递到机舱，机舱根据指令来控制船只的前进、倒退和航行速度，同时通过车钟将完成信息告知给驾驶室。但有时候会出现“给车”慢、给错“车”甚至不来“车”的问题，信息不畅通，就容易做出不正确的指令，给航行安全带来危险。
那一人驾驶桥楼肯定是比较安全的吧？
没错。比如“科学”号就采用了一人驾驶桥楼的操纵模式，配合吊舱式电力推进，体现了当今船舶操控更安全、自动化程度更高、操作人员更少的优势。

16 “科学”号的自持力

韩爷爷，您说过“科学”号的自持力长达60天，这是什么意思呀？
自持力就是科学考察船一次性装足按设计规定的燃料、淡水和食品等，中途不进行补给，能够持续在海上作业的最长时间。“科学”号的自持力长达60天，也就是说，“科学”号一次给养充足的话，能持续在海上作业60天，海上作业持续时间在国内外科考船中是最长的了。
实际上，由于科考船在海上作业时常常低速航行，通常只开动一台发电机组就可以保持航行，大量节省了燃油消耗，所以实际自持力会更长。
哇，在海上航行那么多天，得储存多少食物和水啊！
哈哈，“科学”号上的食物和淡水供应是十分充足的。船员在海上可以尽情使用淡水，淋浴、洗衣甚至冲马桶都可以采用淡化过的海水。船上配备有足够大的鱼库、粮库和水果蔬菜保鲜库等食品冷库，不仅如此，厨房里烤箱、冷柜、和面机、削皮机、制冰机、蒸锅、电磁灶、洗碗机、消毒柜等一应俱全。
连餐厅配置也像五星级宾馆的餐厅一样，各式餐点应有尽有，景德镇瓷碗碟上还印有“科学”号的标识。想象一下，吃着美食，喝着咖啡，伴着音乐，遥望碧海蓝天，真是一种别样的享受呢！
哇！好想亲自体验一下！

17 海水淡化

韩爷爷，海上全是咸水，淡水是不是特别稀缺啊？
早些年确实是这样，老一辈的科学家出海的时候，每人每天只能分到一桶水，干了一天活，晚上也不能痛快地冲个澡，那滋味别提多难受了。
那现在有没有改观哪？
当然了。“科学”号上有两台海水淡化装置，可以保证全船的生活用水。一套是蒸馏式，另一套是反渗透式。蒸馏实际上就是水蒸气的形成过程，利用主机产生的余热让海水蒸发，再凝结成不带咸味的小水滴。
蒸馏法非常安全可靠，而且很经济实用。而反渗透海水淡化装置是利用反渗透原理制造淡水，简单地讲就是用海水反渗透膜把海水里的盐分过滤掉。海水经过淡化后的水质很好，甚至优于自来水，但是淡化后的海水不含任何矿物质，长期饮用不利于身体健康，因此“科学”号上的饮用水主要还是从陆地上携带的自来水。
“科学”号船上甚至还有一流的桑拿房呢！海上潮湿环境容易引起关节炎，为了保障船员的身体健康，提高生活品质，科考队员可以享受到与陆地上一样的桑拿服务，出出汗，放松放松身心，缓解疲劳，为后续的工作积蓄能量。
那可真是太棒了！

18 海底地形探测

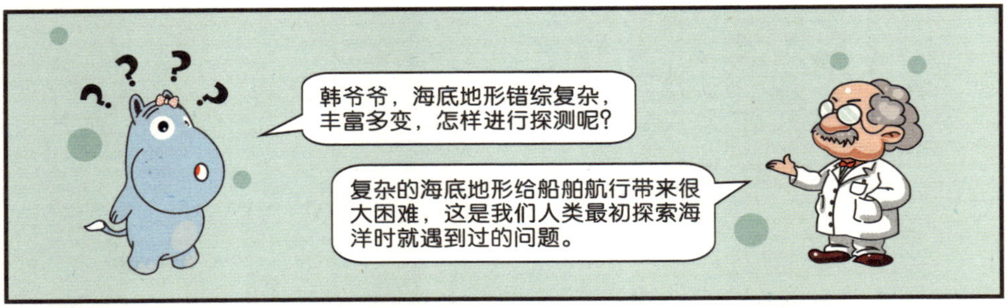
韩爷爷，海底地形错综复杂，丰富多变，怎样进行探测呢？
复杂的海底地形给船舶航行带来很大困难，这是我们人类最初探索海洋时就遇到过的问题。

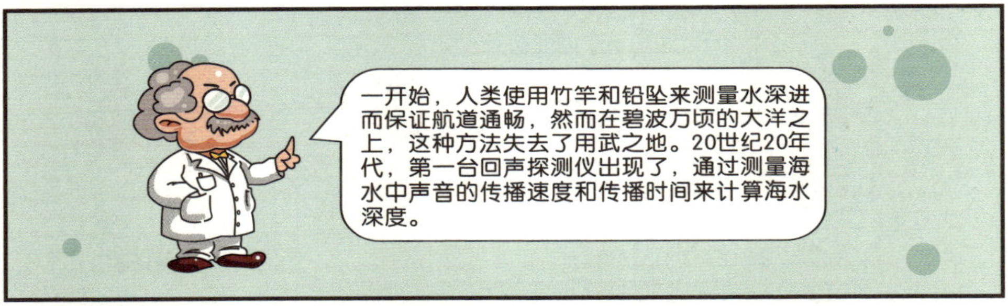
一开始，人类使用竹竿和铅坠来测量水深进而保证航道通畅，然而在碧波万顷的大洋之上，这种方法失去了用武之地。20世纪20年代，第一台回声探测仪出现了，通过测量海水中声音的传播速度和传播时间来计算海水深度。

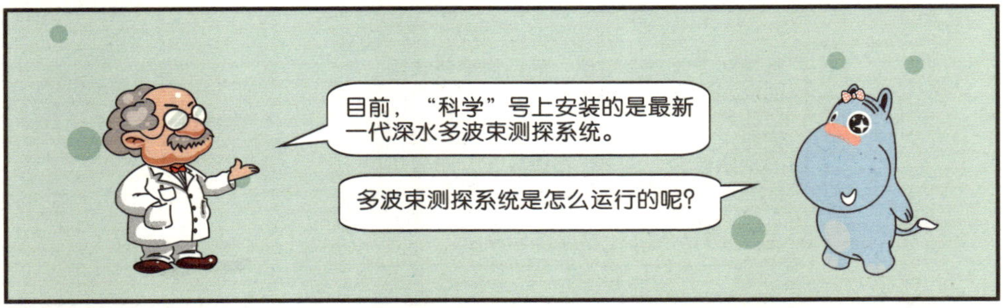
目前，“科学”号上安装的是最新一代深水多波束测探系统。
多波束测探系统是怎么运行的呢？

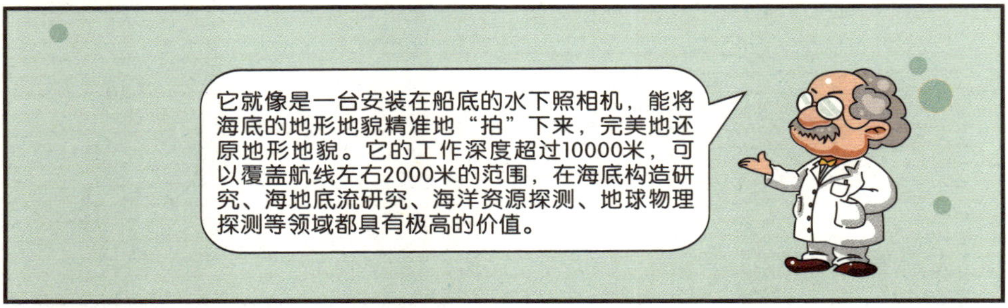
它就像是一台安装在船底的水下照相机，能将海底的地形地貌精准地“拍”下来，完美地还原地形地貌。它的工作深度超过10000米，可以覆盖航线左右2000米的范围，在海底构造研究、海地底流研究、海洋资源探测、地球物理探测等领域都具有极高的价值。

19 海上生活

韩爷爷，在船上遨游大海，感觉一定很美妙吧！
哈哈，刚出海可能还挺新鲜有趣，但时间长了可就不一样了。
“科学”号队员一年中有250天的时间都在海上度过，一次出海得持续两个多月，你想想好不好玩？而且晕船可是很不好受的。
天哪，那么长时间！晕船又是怎么回事？
每个人刚上船都会有不适应的感觉，特别是有风的天气，科考船左右摇摆的幅度经常能有20多度，如果你正在睡觉，必须用脚顶住床头，用手抓住床栏杆才行。如果晕船比较厉害的人，适应期会长达一个多星期，每天吃不下饭，睡不好觉，甚至得依靠吊瓶度日。随着不适感过去，枯燥感和乏味感却与日俱增，还伴有深深的孤独感。
那船员们要怎样缓解寂寞呢？
有的科考船要求大家每天见一次面，避免独处导致的精神迟钝和情绪烦躁。“科学”号还经常举行活动，比如赤道祭、迎国庆、包饺子等。结束科考任务的返航途中，还举行篮球赛，每个人都是“海上灌篮高手”！

20 “科学”号上的垃圾处理

21 热液生态系统

韩爷爷，海底没有阳光，那里的生物是怎么生存的呢？
相比我们所熟知的地面世界，海底世界的环境十分特殊，那里的生物要面对缺少阳光、氧气，处于高压状态，温度过高或过低的极端情况。这就涉及海底热液生态系统。
什么是热液生态系统？
水下的火山使局部海水增温形成海底热液区。海水渗进地壳，被炽热的岩浆加热，同时也溶解了岩石中的一些离子。这些热液又从地壳薄弱处涌出，再遇到冰冷的海水，温度急剧下降，溶解于其中的离子就会析出，形成浓重的“黑烟”，“烟尘”逐渐沉淀在喷口周围，就形成了“烟囱”。嗜热细菌利用不断从“烟囱”里涌出的剧毒硫化氢，分离出硫原子，再把硫原子与二氧化碳、氧气、水相结合，形成硫酸盐，进而产生能量。依靠这种能量，嗜热细菌可以不利用光能就制造出碳水化合物，支撑起整个热液生态系统。
真是没想到，在没有阳光、没有氧气的地方，还能用这种方法维持生命！
对。海底热液生态系统的发现，表明阳光和氧气并不是生命出现的唯一条件。因此有科学家猜测，海底“黑烟囱”和冷泉口或许就是生物大灭绝后生物复苏的起点，更有科学家猜测那里就是地球生命的起源地。

22 可燃冰

韩爷爷，可燃冰到底是什么啊？
在深海海底，由于低温和高压的双重作用，海底不断冒出天然气，天然气的主要成分是甲烷，与水混合会产生一种笼形结构晶体，即天然气水合物。天然气水合物外观像冰雪，点火即可燃烧，所以被形象地称为可燃冰。
我听说可燃冰是一种清洁能源，是这样吗？
是的。可燃冰燃烧产生的能量比煤、石油和天然气高出数十倍，而且燃烧后生成水和二氧化碳，几乎不产生任何残渣或废弃物，避免了让人头疼的污染问题。现在，有30多个国家和地区已经对可燃冰展开研究和调查勘探。
那哪里可以找到可燃冰呢？
冷泉蕴含着大量的可燃冰，品质高、埋藏比较浅，有的地方甚至用肉眼就能看见。虽然我们对冷泉的认识只有三十多年，但是随着我们不断地探索，会慢慢揭开冷泉和可燃冰的神秘面纱。

23 冷泉

韩爷爷，冷泉是什么呀？
冷泉发现于20世纪80年代，当时科学家们在海底发现了一个特殊的生物群落，它们以海底大量溢出的甲烷气体为生，而这种滋养了特殊深海生物的泉眼就被科学家称为“冷泉”。
冷泉是冷的吗？
冷泉并不是真的冷，研究表明，冷泉的温度并不低于其所在海域海水的温度，有时甚至略高于该区域水温。

24 海山生物假说

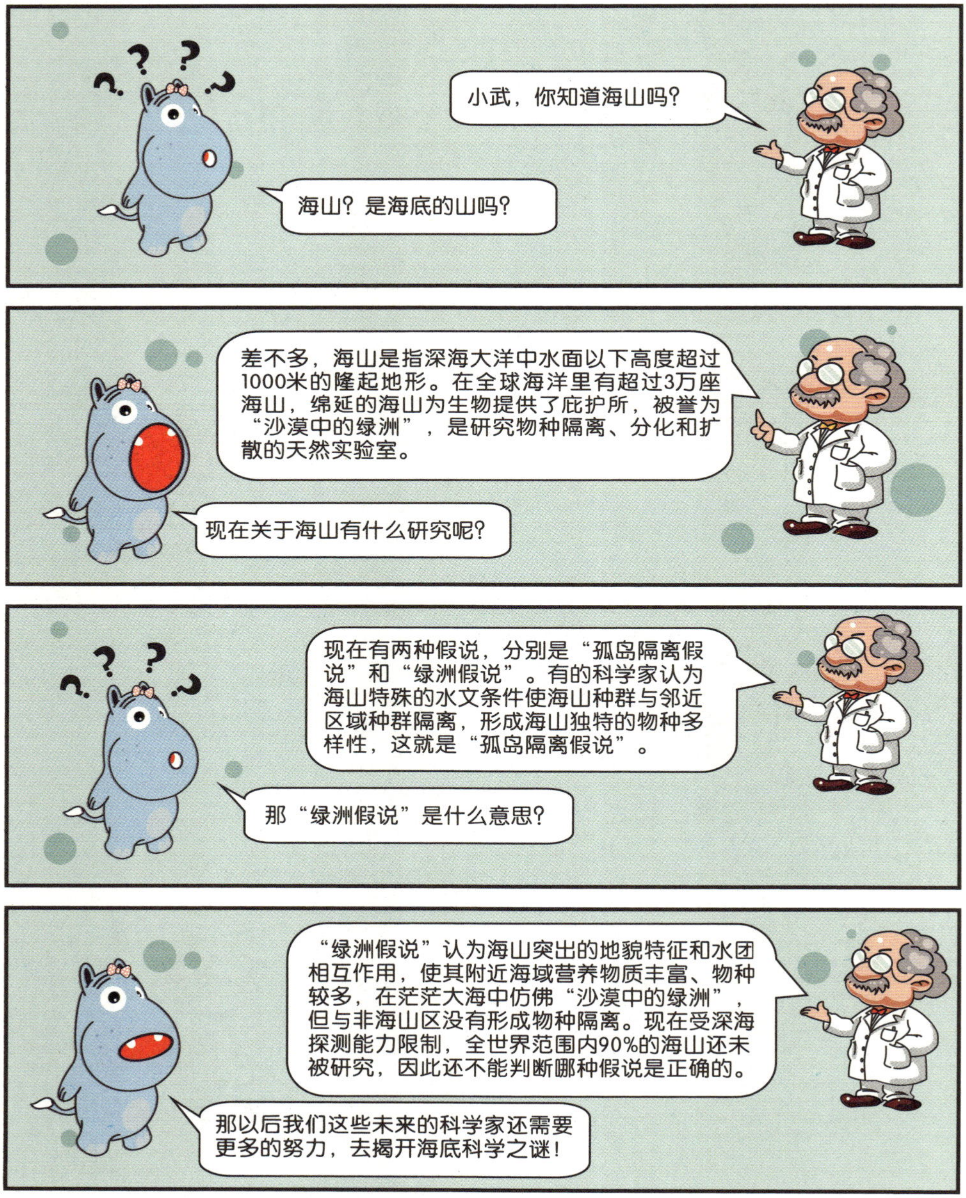
小武，你知道海山吗？
海山？是海底的山吗？
差不多，海山是指深海大洋中水面以下高度超过1000米的隆起地形。在全球海洋里有超过3万座海山，绵延的海山为生物提供了庇护所，被誉为“沙漠中的绿洲”，是研究物种隔离、分化和扩散的天然实验室。
现在关于海山有什么研究呢？
现在有两种假说，分别是“孤岛隔离假说”和“绿洲假说”。有的科学家认为海山特殊的水文条件使海山种群与邻近区域种群隔离，形成海山独特的物种多样性，这就是“孤岛隔离假说”。
那“绿洲假说”是什么意思？
“绿洲假说”认为海山突出的地貌特征和水团相互作用，使其附近海域营养物质丰富、物种较多，在茫茫大海中仿佛“沙漠中的绿洲”，但与非海山区没有形成物种隔离。现在受深海探测能力限制，全世界范围内90%的海山还未被研究，因此还不能判断哪种假说是正确的。
那以后我们这些未来的科学家还需要更多的努力，去揭开海底科学之谜！